教育部新农科研究与改革实践项目"纵横有道的农科创新创业教育与实践生态系统研究"阶段性成果

国家级大学生创新创业训练计划项目"潭扬创新创业营(201901129066)"阶段性成果

国家一流本科专业(动物生产类)建设经费资助、扬州大学出版基金资助

动物生产类大学生创新思维开发与实训

主编 王小龙 吴 锋

参编 孙鹏程 张 涛 吴正常 杨 辉

　　　陈 志 毕瑜林 张 旭 张志鹏

东南大学出版社
SOUTHEAST UNIVERSITY PRESS

·南京·

图书在版编目(CIP)数据

动物生产类大学生创新思维开发与实训 / 王小龙，
吴锋主编. — 南京：东南大学出版社，2021.10

ISBN 978-7-5641-9734-6

Ⅰ.①动… Ⅱ.①王… ②吴… Ⅲ.①畜牧业－专业
－大学生－创造性思维－人才培养－中国 Ⅳ.①S8

中国版本图书馆 CIP 数据核字(2021)第 211953 号

动物生产类大学生创新思维开发与实训

主 编	王小龙 吴 锋	
出版发行	东南大学出版社	
责任编辑	张丽萍	
社 址	南京市四牌楼 2 号	
邮 编	210096	
网 址	http://www.seupress.com	
经 销	全国各地新华书店	
印 刷	常州市武进第三印刷有限公司	
开 本	787 mm×1092 mm 1/16	
印 张	9.5	
字 数	218 千字	
版 次	2021 年 10 月第 1 版	
印 次	2021 年 10 月第 1 次印刷	
书 号	ISBN 978-7-5641-9734-6	
定 价	36.00 元	

(本社图书若有印装质量问题，请直接与营销部联系。电话:025-83791830)

前言/PREFACE

创新是引领发展的第一动力,是建设现代化经济体系的战略支撑。为加快建设创新型国家,党的十九大报告进一步明确了创新在引领经济社会发展中的重要地位,标志着创新驱动作为一项基本国策,在新时代中国发展的行程上,将发挥越来越显著的战略支撑作用。在创新驱动发展战略的引领下,动物生产的发展也进入了高科技时代,如何突破传统动物生产观念的束缚,发展新时代背景下高水平的动物生产行业,培养和输送具有创新思维的当代动物生产类人才,是该专业类型高校的重要任务。习近平总书记在亚太经合组织工商领导人对话会中指出,"中国坚持把创新作为引领发展的第一动力,打造科技、教育、产业、金融紧密融合的创新体系,不断提升产业链水平,为中国经济长远发展提供有力支撑",在创新驱动发展战略的引领下,畜牧业的发展亟待创新转变,培养动物生产类专业大学生的创新思维能力刻不容缓。

传统的创新思维教材覆盖面广,以培养宏观的创新思维为目的,但针对性不强,对于动物生产类专业大学生创新思维培养与训练精准性不够。鉴于此,特编写本教材。本教材提出,未来畜牧业应再迈向一个新的台阶,在创新的引领下智能化的提升是必不可少的。通过创新解决饲养效率的问题、饲养管理精准化的问题以及用人成本降低的问题。从过去的散养到如今的规模化、标准化、集约化养殖,这是一个量变;从规模化、标准化、集约化到智能化,这是一个质变,质变将提升整个畜牧业的发展。本教材基于教学需要,将国家教材和校本教材紧密配合,具有更强的针对性、多样性和可选择性,能体现时代的要求和学生需求,主要适用群体为动物生产类专业的本科生,旨在通过畜牧行业创新案例的解读教学,满足学生个性发展的需要,显示丰富教学内容、增强教学手段的有效性,使动物生产类大学生在了解专业发展情况和发展前景的前提下,培养专业创新思维,服务于新时代背景下畜牧业的发展。

由于编写时间紧迫且作者水平有限,疏漏之处在所难免,恳请读者批评指正。

编　者
2021 年 7 月

目录/CONTENTS

▌绪论 ………………………………………………………………………………… 1

▌第一章　创新与动物生产 ……………………………………………………… 5
　第一节　创新的基础理论 …………………………………………………… 6
　第二节　动物生产的创新发展 …………………………………………… 10
　第三节　创新在动物生产中的应用 ……………………………………… 13

▌第二章　创新思维与动物生产教学 ……………………………………… 15
　第一节　创新思维的基础理论 …………………………………………… 16
　第二节　思维定势对创新思维的影响 …………………………………… 21
　第三节　动物生产类大学生创新思维培养路径 ………………………… 25

▌第三章　动物生产类大学生创新思维培养方法 ………………………… 29
　第一节　发散思维 ………………………………………………………… 30
　第二节　收敛思维 ………………………………………………………… 34
　第三节　逆向思维 ………………………………………………………… 37
　第四节　直觉思维 ………………………………………………………… 40
　第五节　想象思维 ………………………………………………………… 43
　第六节　灵感思维 ………………………………………………………… 47
　第七节　联想思维 ………………………………………………………… 50
　第八节　质疑思维 ………………………………………………………… 53

▌第四章　动物生产中智慧业态的创新思维实训 ………………………… 57
　第一节　现代水产养殖中的"互联网＋"思维 …………………………… 58

第二节　火鸡养殖中的"电商孵化"思维 ……………………………… 60

第三节　奶牛养殖过程中的"社群营销"思维 …………………………… 64

第四节　畜牧养殖中的"智慧物联网"思维 ……………………………… 67

第五节　"红枣羊"养殖的"数字云"思维 ……………………………… 71

第五章　动物生产中遗传育种的创新思维实训 ……………………… 75

第一节　非洲猪瘟背景下的"全基因组选育"思维 …………………… 76

第二节　现代育种中的"定向选择"思维 ……………………………… 80

第三节　中新鸭背后的"产学研结合"思维 …………………………… 84

第六章　动物生产中养殖模式的创新思维实训 ……………………… 89

第一节　"优鲈1号"和白金丰产鲫的"混养"思维 …………………… 90

第二节　环保新能源政策下的"渔光一体"思维 ……………………… 92

第三节　净化水环境的"循环养殖"思维 ……………………………… 96

第四节　水产养殖理念革新中的"集装箱"思维 ……………………… 98

第五节　五水共治背景下的"水禽旱养"思维 ………………………… 102

第六节　奶牛养殖过程中的"秸秆再利用"思维 ……………………… 106

第七章　动物生产中商业模式的创新思维实训 ……………………… 109

第一节　正大集团产权化养殖模式中的"四位一体"思维 …………… 110

第二节　牧原食品股份有限公司的"封闭式产业链"思维 …………… 113

第三节　畜禽养殖中的"温氏模式"思维 ……………………………… 122

第四节　合作养殖模式中的"立华"思维 ……………………………… 126

第五节　"90后"养殖奶山羊的"新零售"思维 ……………………… 130

第六节　大学生创业养羊的"利益共同体"思维 ……………………… 132

第七节　奶牛饲养过程中的"规范化"思维 …………………………… 135

第八节　奶牛养殖"共同致富"思维 …………………………………… 137

第九节　光明小镇的"产业园"思维 …………………………………… 139

后记 ……………………………………………………………………… 142

主要参考文献 ………………………………………………………… 143

绪　论

创新是一个民族进步的灵魂，是一个国家兴旺发达的不竭动力，也是中华民族最深沉的民族禀赋。在激烈的国际竞争中，唯创新者进，唯创新者强，唯创新者胜。当今国际社会是一个飞速发展的时代，创新精神显得尤为重要。只有拥有创新精神的国家，才能让自己立于世界强国之林。纵观国际大势，大国之间的竞争，本质上是生产力之争，其核心是科技创新能力之争。当今世界正处于新一轮科技革命和产业变革孕育兴起的时期，以大数据、互联网、物联网、人工智能等为代表的新一轮信息技术不断突破，深刻影响着人类的生产生活及思维方式的变革，新产业、新动能、新技术等将成为影响经济增长的关键因素。市场是无情的，竞争是残酷的，只有坚持创新，个人才能体现价值，企业才能获得优势，国家才能繁荣富强。

一　创新驱动发展是国家的重要战略

中国共产党第十八次全国代表大会提出实施创新驱动发展战略，强调科技创新是提高社会生产力和综合国力的战略支撑，必须摆在国家发展全局的核心位置。中共中央、国务院印发了《国家创新驱动发展战略纲要》，指出通过三步走战略，从要素驱动转变为创新驱动。2020年，进入创新型国家行列，有力支撑全面建成小康社会目标的实现；2030年，跻身创新型国家前列，为建成经济强国和共同富裕社会奠定坚实基础；2050年，建成世界科技创新强国，为我国建成富强民主文明和谐的社会主义现代化国家、实现中华民族伟大复兴的中国梦提供强大支撑。

实施创新驱动发展战略，对我国形成国际竞争新优势、增强发展的长期动力具有战略意义。改革开放40多年来，我国经济快速发展主要源于劳动力和资源环境的低成本优势。进入发展新阶段，我国在国际上的低成本优势逐渐消失。与低成本优势相比，技术创新具有不易模仿、附加值高等突出特点，由此建立的创新优势持续时间长、竞争力强。实施创新驱动发展战略，加快实现由低成本优势向创新优势的转换，可以为我国经济社会持续发展提供强大动力。

实施创新驱动发展战略，对我国提高经济增长的质量和效益、加快转变经济发展方式具有现实意义。科技创新具有乘数效应，不仅可以直接转化为现实生产力，而且可以通过科技的渗透作用放大各生产要素的生产力,提高社会整体生产力水平。实施创新驱动发展战略,可以全面提升我国经济增长的质量和效益,有力推动经济发展方式的转变。

实施创新驱动发展战略,对降低资源能源消耗、改善生态环境、建设美丽中国具有长远意义。实施创新驱动发展战略,加快产业技术创新,用高新技术和先进适用技术改造提升传统产业,既可以降低消耗、减少污染,改变过度消耗资源、污染环境的发展模式,又可以提升产业竞争力①。

二 创新技术是动物生产过程中的不竭动力

中国经济处于转型期,畜禽业发展也不可避免地处于转型期。随着国家对畜禽养殖污染防治的日益重视,中国的畜牧业发展也正处于由传统畜牧业向现代畜牧业转变的关键时期,须立足生产实践,大胆运用创新思维、创新技术解决畜牧养殖业发展中的问题,才能更有效地促进畜牧养殖业健康科学发展。

动物产品是重要的菜篮子产品,与人民生活息息相关。随着我国城乡居民收入水平的提高,动物产品消费需求不断增加,特别是工业化和城镇化步伐的加快推进,大量农村剩余劳动力从农业转向工业、从农村转向城镇。传统动物产品的生产者成为消费者,保障动物产品供给面临新的挑战。而且,动物产品供给一旦不足,会导致食品价格快速上涨,进而影响消费者价格指数,甚至可能会导致全面的通货膨胀,给经济社会平稳发展造成不利影响。近年来,生猪价格大幅上涨也证实了这一点。

在当前保障动物产品供给压力增大、资源环境约束加剧、质量安全事件频发的情况下,我国现代畜牧养殖业发展必须以更小的资源消耗、更少的环境影响、更低的生态代价、更高效的劳动生产率,来生产出更充足、更安全、更健康、更多元化的动物性产品,加快科技进步是根本出路。但从总体看,当前我国畜牧养殖业科技成果转化率仅为30%～40%,远低于发达国家65%～85%的水平,一些畜禽良种依赖国外引进,技术推广和服务体系建设滞后,经费不足,服务能力弱,严重制约了相关产业的发展。

近几年中央一号文件以"三农"为主题,紧紧围绕保障农产品供给侧改革这个中心任务,突出强调加快推进农业科技创新,大力推动农业科技跨越发展。为深入贯彻落实中央一号文件精神,现代畜牧养殖业应着眼于满足产业科技需求、服务农牧民增效增收、推动产业发展、维护产业安全的核心,充分发挥科技支撑作用。要围绕"三保"核心任务,加快畜牧养殖业科技创新和集成推广应用,提升畜牧养殖生产技术水平。重点抓好畜禽、水产种业创新,大力推进畜禽、水产新品种培育和种质资源开发利用;加强高能量、高蛋白等新型专用饲料

---

① 陈伟生.加快促进畜牧业走上创新驱动科学发展的轨道——在全国畜牧站长工作会议上的讲话[J].中国饲料,2012(13):4-8.

资源的开发和高效环保型饲料添加剂的研制,努力提高饲料资源利用效率;深入开展高效健康养殖技术的组装集成,形成先进适用的标准化技术模式。

除此之外,各畜牧、水产养殖企业和科研院所应重视创新在动物养殖业发展中的重要作用,以创新思维加强科技创新,引领动物养殖业健康发展。

三 创新思维是当代动物生产类大学生的必备技能

在 2014 年 9 月夏季达沃斯论坛上,李克强总理首次提到了"大众创业、万众创新",且将其写进了 2015 年李克强总理做的政府工作报告中,进而掀起了全国创新创业的浪潮。党的十八大后,国家大力实施"大众创业、万众创新"战略,出台了《国务院关于推动创新创业高质量发展打造"双创"升级版的意见》等一系列政策支持创新创业,在全国范围内掀起了"双创"的浪潮。当代大学生是祖国的未来,肩负着建设伟大祖国,实现伟大中国梦的重任。对于当代大学生而言,如何形成创新思维,紧跟时代潮流,实现创新创业,不仅是大学生面临的问题,也是教育工作者需要研究、探讨的课题。

"双创"时代背景下,创新能力在社会经济发展过程中的作用越来越大,创新型人才的培养也逐渐成为我国高校教育的核心追求。党的十九大报告在贯彻新发展理念,建设现代化经济体系部分大力提倡创新引领,"激发和保护企业家精神,鼓励更多社会主体投身创新创业,建设知识型、技能型、创新型劳动者大军"。我国养殖业正处于由要素驱动到创新驱动发展的关键时期,养殖业创新驱动发展的根本是要有一批创新人才,因此,培养具有创新思维的新时代动物生产类专业创新人才至关重要。

然而,目前我国动物生产类专业大学生的创新思维能力培养存在诸多不足。第一,高校培养意识淡薄,创新思维教育氛围不浓。在国家大力提倡和发展创新创业政策的指引下,部分高校对于创新创业教育的理解与研究仍处于初级阶段。大部分高校对于创新教育的培养意识淡薄,没有形成一定的思想体系,过分强调学生的创新成果和创新能力的展示,没有意识到创新能力与创新思维之间的联系,忽视了对学生的创新思维通识教育,未形成创新思维教育的模式。第二,高校人才培养体系不全面,实践教学环节缺乏系统化。对企业而言,其在招聘时越来越重视学生的专业技能水平和实际操作能力。特别是对养殖业这种具有强烈现实需求的学科而言,学校的实践教学环节决定了创新思维人才培养的实际操作水平。但是动物生产类专业的实践周期是比较长的,实践平台的设立需要具有合适的生产环境,同时具备前沿的技术手段,且还要配备具有生产经验和学术理论较强的师资队伍,这与部分高校的现实环境和实习经费都是不匹配的,使得培养创新思维型养殖业人才的物质条件无法得到满足。第三,高校创新思维师资队伍有限,教师创新指导能力不足。在高校的教学中,教师对学生的影响是全方位的。拥有良好的创新思维意识与能力的教师,在日常教学中会有意识地对学生进行创新思维意识的渗透,利于培养拥有创新意识并重视创新思维运用的学生。然而,现实中很多教师的教学方式陈旧,一成不变地照搬书本和课件,按部就班地完成既定的教学内容与教学任务,并没有意识到授课过程中对学生创新思维意识启发的重要性和必要性[①]。

创新思维能力对于动物生产类大学生的个人发展至关重要。首先,培养大学生的创新思维可以唤醒大学生创新创业的热情。自主创业是大学生内心的憧憬,他们大多数都渴望有探索未知的激情和冲动。创新思维是创意的源泉,也是提升人气和凝聚力的途径。大学生是最富有激情的群体,当前的政策与形势鼓励大学生求新、求变,创新思维作为内驱动力,不仅使大学生对学术和科研产生了浓厚的兴趣和强烈的求知欲,而且使他们不畏困难,勇于探索。其次,培养大学生的创新思维可以拓宽学生的学科专业知识面。大学生应该发挥学科专业的优势,科技创新是他们的强项。这就要求他们要努力学习科学文化知识,在实践中开阔自己的视野,促进相关专业知识的交叉融合,提高独立分析、解决问题的能力,为他们在今后的工作中发挥聪明才智打下基础。最后,培养大学生的创新思维可以促使大学生更快更好地了解社会。社会的发展离不开科技的进步。大学生不应该"两耳不闻窗外事",而应该走进社会,把握人才培养与社会对接的机会,提高结合社会需求解决实际问题的能力。

---

① 杨宇妏.新时代农科专业大学生创新思维培养路径研究[J].时代经贸,2018(24):99-100.

第一章/Chapter

创新与动物生产

本章主要掌握创新的概念,理解创新与发现、发明和创造的区别,了解创新的发展过程和创新的 5 个基本特点。认识动物生产的创新发展历史,了解动物生产的现代化发展阶段,以及动物生产智能化发展的现状和未来趋势。了解创新在动物生产中的应用。

第一节　创新的基础理论

一　创新的概念

创新是从英文"innovate(动词)"或"innovation(名词)"翻译过来的。根据《韦氏词典》中的定义,创新的含义为引进新概念、新东西和革新。

国际社会公认的"创新(innovation)"一词由奥地利经济学家约瑟夫·熊彼特首先在其著作《经济发展论》一书中提出[①]。按照熊彼特的观点,"创新"是指新技术、新发明在生产中的首次应用,是指建立一种新的生产函数或供应函数,是在生产体系中引进一种生产要素和生产条件的新组合。熊彼特认为创新共包括5个方面的内容[②]:

1. 引入新的产品或提供产品的新特性。

2. 开辟新的市场。

3. 获得一种原料或半成品的新的供给来源。

4. 采取新工艺的生产方法。

5. 实现新的组织形式。

到目前为止,对创新比较权威的定义为:创新是在生产过程中产生的一种创造性"毁灭",同时能够创造出新的价值。

2004年美国国家竞争力委员会向政府提交的《创新美国》计划中提出:"创新是把感悟和技术转化为能够创造新的市值、驱动经济增长和提高生活标准的新的产品、新的过程与方法和新的服务。"在认识创新的同时,我们还需要理解创新与发现、发明和创造的区别[③]。

(一)发现与发明

所谓发现(discovery),是对客观世界中前所未知的事物、现象及其规律的一种认识活动。发现的结果本身是客观存在的,是不以人的意志为转移的。无论人类是否对其有所认识,它都按照自身的规律存在于客观世界中。对这种结果进行认识的活动过程就是发现。例如,物质的本质、现象、规律等,不管人类是否发现了它们,它们本来是客观存在的。后来被人类认识到了,就是发现。科学研究的目的就是发现这些客观存在的、还没有被人类认识到的规律。发现也称为科学发现(scientific discovery)。

---

① 王亚非,梁成刚,胡智强.创新思维与创新方法[M].北京:北京理工大学出版社,2018.

② 徐林青.管理创新[M].广州:南方日报出版社,2003.

③ 吕丽,流海平,顾永静.创新思维:原理·技法·实训[M].北京:北京理工大学出版社,2017.

发明（invention）是指具有独创性、新颖性、实用性和时间性的技术成果，通常指人类做出的前所未有的成果。这种成果包括有形的物品和无形的方法等，在被发明出来之前客观上是不存在的。通过技术研究而得到的前所未有的成果多属发明。发明最注重的是独创性和时间性（或称为首创性）。

简单地说，发现和发明的区别主要是：发现是认识世界，发明是改造世界。发现要回答"是什么""为什么""能不能"等问题，主要属于非物质形态财富；发明要回答"做什么""怎么做""做出来有什么用"等问题，是知识的物化，能够直接创造物质财富。科学发现在我国是不被授予专利权的。对于那些具有新颖性、创造性和实用性的发明，发明人可以申请专利，利用法律的手段来保护自己的合法权益。

（二）创造与创新

"创造"一词是对创造活动的综合概括。在《现代汉语词典》里，"创造"被解释为"想出新方法、建立新理论、做出新的成绩或东西"。可以说，创造是人们应用已知信息，产生某种新颖而独特的、具有社会价值或个人价值的产品的过程，是"破旧立新"，打破世界上已有的，创立世界上尚未有的精神和物质的活动。作为创造的成果，这种产品可以是新概念、新设想，也可以指新技术、新工艺、新产品，其特征是新颖、独特、具有一定的社会价值和个人价值。

从一般意义上来讲，创造强调的是新颖性和独特性，而创新强调的则是创造的某种具体实现。创造与创新在概念上的差别体现在以下几个方面：

1. 创造比较强调过程，创新比较强调结果。例如，可以说"他创造了一种新方法，这种方法具有创新价值"。

2. 在程度上，创造强调"首创""第一""破旧立新"，主要是指自身的新颖性，不一定有比较对象。创新是建立在已经创造出的概念、想法、做法等基础之上，其着眼点在于"由旧到新"，强调与原有事物的比较。因此，在某种程度上，可以将创新看作创造的目的和结果。

3. 在思维过程上，创造应是独到的，其思维始终站在新异的尖端。创新则是在已经创造出的概念、想法和做法等的基础上，将别人的原始想法组织起来，应用到自己的思维活动中去。

4. 在范畴上，创造一般指的多是知识、概念、理论、艺术等方面，创新一般指的多是技术、方法、产品等。

二　创新的系统模型

创新原理是对现有事物构成要素进行新的组合或分解，是在现有事物基础上的进步或发展、发明或创造。创新原理是人们从事创新实践的理论基础和行动指南。创新虽有高低层次之分，但无领域之限。只要能科学地掌握和运用创新的原理、规律和方法，人人都能创新,事事都能创新,处处都能创新,时时都能创新。创新的发展过程可利用物种具有代表性的创新过程模型来解释①。

(一) 技术推动创新过程模型

早期人们对创新过程的解释模型是基于研究开发是创新构思的主要来源这一观点。具体地说,就是该观点认为技术创新或多或少是一种线性过程,这一过程肇始于工业研究开发,经历工程和制造活动,最后成为面向市场的产品或工艺。

技术推动的创新过程模型(图1-1)代表了一种极端的情形。对于计算机这类根本性的创新,技术推动模型具有较好的解释力,然而对大多数创新来说并非如此。

图1-1 技术推动的创新过程

(二) 市场推动创新过程模型

20世纪60年代以来,可能是因为创新实证研讨的不断增加和描述实际创新的需要,也可能是为了防止出现市场潜力创新的短缺,市场需求在创新中的作用受到高度重视,使得需求或市场拉动的创新过程模型得以盛行。按照这种模型,创新是由市场需求所引导的。

创新研究认为,市场需求尽管会引起大量创新涌现,但不见得像重大技术进步那样产生有较大影响力的创新。渐进式创新往往来自需求的拉动,而根本性创新更有可能起源于技术的推动。

(三) 创新过程的交互作用模型

20世纪70年代至80年代初期,单纯的技术推动和需求拉动模型被当作科学、技术和市场交互作用模型(图1-2)的极端和特例。研究表明,技术推动和需求拉动的相对重要性在产业及产品生命周期的不同阶段可能明有着明显的不同。弗里曼领导的著名的"Shappo计划"(对技术创新关键因素的调查)特别强调营销与技术因素对创新成功的重要性,这正是第三代创新过程模型的核心。按照国际著名创新经济学家罗斯韦尔的观点,这一模型把创新过程分成一系列职能各不相同但相互作用、相互独立的阶段,这些阶段虽然在过程上不一定连续,但在逻辑上相继而起。

① 庄文韬.创新创业实用教程[M].厦门:厦门大学出版社,2016.

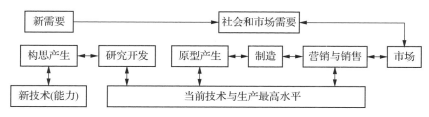

图 1-2 创新过程的交互作用模型

（四）一体化创新过程模型

20 世纪 80 年代后期出现的第四代创新过程模型标志着观念的转变,即将创新过程看作主要是序列式的从一个职能到另一个职能的开发活动过程。

一体化创新是指企业各职能部门在创新过程中一致行动,每个职能部门都能参与创新的各个阶段(图 1-3)。与高度分割的和序列式的创新过程相比,在一体化创新中,制造部门不是只在产品开发结束后才为商业化生产做准备,而是在产品开发的早期阶段就积极地提出并审查各种工艺概念或方案;营销部门也不是在完整的产品设计原型完成后才与顾客沟通,而是把顾客的需求、看法和其他有关信息及时带入新产品的开发过程。各职能部门一体化参与创新的结果是加快推进了下游部门的工作及创新的介入[①]。

图 1-3 一体化创新过程模型

（五）系统集成和网络模型

当前出现的第五代创新过程模型是一体化模型的理想化发展,但又添加了一些别的特征,例如合作企业之间更密切的战略联结[②]。第五代创新过程模型最为显著的特征是它代表了创新的电子化和信息化过程,更多地使用专家系统来辅助开发工作,仿真模型技术部分替代了实物原型。第五代创新过程模型不仅将创新看成是交叉职能联结的过程,还把它看作多机构网络过程。美国政府 1994 年组织的最新半导体技术的开发就是以多机构网络联结的方式进行的。

一体化创新过程模型代表了从创新构思形成到创新实现的全方位汇合,而第五代创新过程模型则代表由概念生成导致创新实践结果的创新模式的未来发展趋势。进化中的第五代创新过程模型包括各种各样的内外部合作因素,这意味着其更加强调将创新战略及技术战略置于企业战略的首位。

① 秦卫明.高校创新创业组织研究[D].江苏:南京大学,2007.
② 欧阳红军.重大科研项目协同创新管理[J].国防科技,2012,33(04):40-45.

第二节　动物生产的创新发展[①]

一　原始畜牧业

早在新石器时期(距今 1 万~4 千年),原始人类就已经开始饲养家畜和家禽,根据我国考古学家的研究,发现在距今六七千年前的原始部落遗址发现了猪、鸡、牛、羊等畜禽的骨骼,甚至在一些遗址中还发现了饲养家畜的栏圈和家畜粪便堆积的痕迹。这说明,我国在六七千年前就有了原始的畜牧业。新石器晚期,家畜均已先后形成,最先发展并受到重视的是供肉用或供皮毛用的家畜,接着是利用家畜,来代替人力劳动。

二　古代畜牧业

商周时期,我国大规模使用奴隶劳动,使畜牧业的发展也达到一个高峰。牲畜的数量有很大增长,因而奴隶主贵族常用大量牲畜祭祀和殉葬,多达几百或上千头。为了改善品种,提高畜牧产品,殷商时期发明了阉割术,称为"去势"。阉割后的牲畜失去生殖功能后,性情会变得温顺,肉质也会提高,也便于管理和使役。《礼记》中提到的"豚曰脂肥",即是说阉割后的猪长得膘满臀肥。汉朝时期,我国的农业耕作开始使用牛耕,到了魏晋南北朝时期,将驴和骡也作为劳役使用。唐宋时期,国家对畜牧业高度重视,设立专门的管理机构。

三　近代畜牧业

近现代,我国的畜牧业发展较为曲折,1804 年鸦片战争以后,畜产品对外贸易逐步发展起来,但我国的畜牧业整体发展缓慢,在家畜的饲养、繁殖等方面仍采用传统的方式。到了民国初期,畜牧业发展迅速,涌现了一批优秀的畜牧人才,他们大都是被国家派出国,学有所成后又回到国内,他们将先进的畜牧科技引入国内,结合国内的畜牧业现状,展开了一系列的科学研究。抗日战争至解放前期,由于受到战争影响,我国畜牧业遭到了沉重打击,畜牧科学研究进展也受到了巨大的挫折[②]。

四　现代畜牧与水产养殖业

随着现代社会的发展,人们对畜产品的需求也越来越大,特别是肉、蛋、奶等产品,这也

---

①　蒋炳耀. 畜牧业的发展历程综述[J]. 中国畜牧兽医文摘,2017,33(11):39.
②　王铭农. 近代江苏畜牧业概述[J]. 中国农史,1997(04):66-72.

促使了畜牧养殖开始向集约化方向发展[①]。集约化养殖以"集中、密集、制约、节约"为前提，在客观规律条件下将养殖形式适度组合。它综合应用了现代科学技术的发展成果，以工业化生产方式安排生产，充分发挥了养殖群体的潜力。2004年，农业部制定并发布了《关于推进畜禽现代化养殖方式的指导意见》。意见指出，我国畜牧业持续快速发展，肉类和禽蛋总产量居世界首位，人均占有量超过世界平均水平，畜牧业的规模化、专业化生产水平有了一定提高。但是，畜禽分散饲养、粗放经营仍较普遍，落后的畜禽养殖方式与现代畜牧业发展要求之间的矛盾日益突出，不能适应人们日益增长的对畜产品质量安全、公共卫生安全和生态环境安全的要求。意见的制定旨在促进畜禽养殖方式尽快由粗放型向集约型转变，实现我国畜牧业现代化。

经过多年的发展，我国动物养殖业正加速进入集约化、规模化养殖阶段。目前畜禽养殖业发展呈现出以下特征：

1. 养殖产业从劳动密集型的粗放式养殖向技术密集和资本密集型的集约式养殖发展是必然趋势。这种转型伴随着养殖效率的提升和经济效益的改善，抗风险能力也大大增强。

2. 一体化的自繁自养和"公司＋农户"是常见的集约化经营模式。一体化自繁自养能够从上至下实现对养殖环节的管控，对养殖技术和资本的要求都较高，但养殖成功后也具备更高的效率和壁垒，如牧原股份和圣农发展；"公司＋农户"的最大优势在于能够快速铺开，提升规模，如温氏股份。

3. 集约化发展过程中造就高市值企业。伴随着养殖产业集约化发展，畜禽养殖产业诞生了一批高达几百亿甚至上千亿市值的龙头企业。

4. 不同于畜禽养殖，虽然这些年水产养殖业整体水平不断提高，但小规模分散式的经营方式仍占主体，标准化、集约化加工生产的要求与传统分散的水产养殖生产之间的矛盾比较突出。近些年来，为满足人民对水产品日益增长的需求，我国水产养殖业已走上了集约化发展的道路。

五　智能畜牧业与水产养殖业

（一）智能畜牧业

"智能畜牧"是集大数据、物联网等技术为一体的生产方式，将极大提高畜牧业的生产效率。2017年以来，我国畜牧业进入新的转型升级的重要时期，它的基本特征和主要任务是智能化。

自2018年非洲猪瘟疫情发生以来，我们更加深刻地意识到加快推进智能化的任务更加

---

① 韦美蕾. 畜牧生态养殖体系建设[J]. 畜牧兽医科学，2019，(11)：90-91.

紧迫。没有畜牧的智能化,就不是真正意义上的畜牧现代化。只有通过广泛应用智能技术和智能手段,才能加快推进畜牧业的现代化,进一步提高产品的质量以促进食品安全水平提高,加强生物安全,提高生物安全的防控水平,实现和推进畜牧业智能化管理等。基于以上考虑,中国畜牧业协会和相关企业进行了充分的沟通和协商,于2018年成立了中国畜牧业协会智能畜牧分会。

当前,中国畜牧业协会智能畜牧分会的主要任务包括:尽快研究制定智能畜牧的标准;推进多方面的联合,实现智能手段和技术的集成;打造出智能化水平优质的模式和样板,在整个畜牧产业当中进行复制和推广。

智能畜牧业是实现畜牧业现代化的重要标志,畜牧业的智能化是畜牧业转型升级的关键,是促进畜牧业生产方式转变的重要手段。智能技术和智能手段的应用能大大降低人工成本,提高畜产品品质,提升生物安全水平。在当下,非洲猪瘟疫苗没有面世的情况下,加快推进畜牧业智能化发展是防控非洲猪瘟疫情的根本途径。同时,畜牧的智能化必将会促进畜产品加工、物流等方面的发展,未来VI与AI技术的运用将无处不在。总之,智能化将引领和推动畜牧业的现代化,也是实现对国外"弯道超车"的最佳途径,坚信未来畜牧的智能化一定会快速发展,为畜牧智能化作出应有的贡献。

中国畜牧业协会智能畜牧分会的成立,标志着我国畜牧业从原来的传统养殖正式进入智能养殖的新征程。目前,中国畜牧业正处于传统畜牧业向现代畜牧业转型的关键时期,畜牧业通过与新技术的深度融合,必将推动人工智能技术在养殖领域的广泛应用,从而实现养殖业规模化、标准化和智能化、智慧化转型升级,这必将成为我国畜牧业智能化发展的新篇章[①]。

(二)智能水产养殖业

改革开放以来,中国水产养殖业迅速发展,2017年水产养殖业总产量达5 267.6万 t,与2010年相比,增长超过37.6%,已成为发展最快的农业产业之一。然而,水产养殖业在快速发展的同时,也面临资源日益短缺、环境生态压力加大、食品安全事件频发等诸多挑战和社会经济发展的新需求,因此发展智能水产养殖,促进水产养殖业"转方式调结构"势在必行。

智能水产养殖是把现代智能技术应用到水产养殖的全过程,即利用互联网(移动)、物联网、人工智能、大数据、云计算等信息技术与水产养殖有关装备相互集成,构建高效养殖装备与养殖过程管理系统,从而实现水产养殖"高效、优质、生态、健康、安全"的绿色可持续化战略目标。

目前,智能水产养殖业在生产、管理、服务信息获取、信息处理和智能设备方面均取得了

---

① 畜博会.中国畜牧业协会智能畜牧分会成立大会暨第一次会员代表大会在武汉隆重召开[EB/OL].[2019-05-19].http://org.caaa.cn/article.php? id=15377.

一定发展,前景广阔。未来,水产养殖生产将向规模化、集约化、智能化、生态化发展,经营将向集约化、专业化、组织化、社会化发展,管理服务将向大数据云平台方向发展。信息获取手段将更加多样化,精度和质量将不断提高,信息处理将更加智能化、模型化,养殖管理将更加科学,养殖装备将更加智能化、精细化、自动化[①]。

第三节 创新在动物生产中的应用

畜牧业是人类与自然界进行物质交换的重要产业,是农业的主要组成部分之一。发展畜牧业生产对于促进农业乃至整个国民经济的发展、改善人民生活水平、增加出口量、增强民族团结都具有十分重要的意义。我国畜牧业资源丰富,发展前景广阔。但与国外畜牧业发达地区相比,我国畜牧业整体生产水平较低,科技含量不够,产出效率较低,畜禽产品质量安全存在隐患,资源消耗和环境破坏程度较大,面临重大动物疫病的威胁。如何利用现有资源条件,发挥比较优势,推进畜牧业产业化进程,使畜牧业成为具有较强竞争力的产业,已经成为当前亟待解决的问题。解决问题的关键在于畜牧业技术创新。只有依靠技术创新,才能不断推出新品种,增加畜牧业科技含量,提高市场竞争力[②]。

在动物生产过程中的创新,主要是指技术创新,而技术创新主要表现在增加新产品品种、降低产品成本、改进产品质量、提高生产效率、减轻环境污染、开拓新市场等方面。企业进行技术创新主要致力于开发新产品、降低生产成本和提高产品质量,因而技术创新对畜产品加工企业的主要销售收入来源的影响正在逐渐加大。随着生物技术的迅速发展,目前在动物生产中的创新也越来越普遍。

一 利用现代生物技术创新来保护畜禽遗传种质资源和从事动物生产

利用胚胎和生殖细胞的冷冻保存技术,通过静态保护遗传种质资源。另外,可通过生物技术创新,利用物种的遗传信息,建立生产动物的基因库。与传统育种相比,以 DNA 分子技术为基础,通过标记辅助选种、转基因技术和基因诊断等分子技术创新,能够打破物种界限,培育出自然界和常规育种难以生产的,并且具有特殊优良性状的动物品种。

二 利用生物技术创新改善动物的生长性能和体内的代谢途径

通过生物创新来生产多种生物制品,或者直接在基因层面修改与代谢有关的调控基因,

---

① 巩沐歌,孟菲良,黄一心,等.中国智能水产养殖发展现状与对策研究[J].渔业现代化,2018,45(6):60-66.
② 王淑静.山东省畜牧业技术创新发展问题研究[D].山东农业大学,2009.

从而改变动物的生产性能,提高动物生产效能。

三 改良饲料作物品质与饲料资源开发利用

利用基因工程技术改善植物脂类不饱和脂肪酸的程度,增加不饱和脂肪酸的浓度。通过生物技术开发饲料资源,利用基因组编辑技术去除某些基因,培育出不含或只含少量抗营养因子的饲料作物。

四 创新生产饲用酶,满足动物生产所需的营养物质

通过生物技术手段,创新生产各种酶,如蛋白酶、纤维素酶、脂肪酶、乳糖酶、植酸酶等。把这些酶添加到饲料中,可以提高饲料的利用率,减少废弃物对环境的污染。

五 微生物添加剂在动物生产中的应用

通过使用微生物添加剂,动物能够维持体内有益菌的数量,保持有益菌的优势地位,调节营养物质的消化吸收,同时还能够提高动物体内的抗体水平,增强巨噬细胞的活性,增强机体免疫功能。此外,还可以通过控制有毒产物反应,激发解毒反应,降低肠道中氨的含量,阻止肠道内细菌产生氨,防止有害物质产生。

总之,利用现代生物技术,通过生产技术创新,能够开创畜牧业生产的新途径。通过技术生产创新,不仅能够改造动物所需的营养物质,提高生产性能,而且在研究营养代谢调节机制及与机体的相互关系上发挥着重要作用。在未来动物生产的发展过程中,产业创新必将发挥着不可替代的强大作用。

第二章/Chapter

创新思维与动物生产教学

本章主要掌握创新思维的定义和创新思维的一般过程，认识创新思维的基本特征，认识创新思维的生理和心理学基础。认识思维定势的概念，了解思维定势的分类，掌握突破思维定势的方法。认识大学生创新思维培养的基本路径，掌握案例教学的定义、基本准则和实施措施。

第一节　创新思维的基础理论

一　创新思维定义

在这个全球化的时代,根据工作和学习所需的能力,创新和创新思维是值得进一步讨论的两个重要概念。创新被认为是 21 世纪一项重要的能力,能够促进社会各分支的增长。创新的需求带来了挑战,促使个人提高生产力,并相应地促进社会的进步。因此,创新能力已成为人们生活、学术界和工作场所取得成功的必要和重要能力。作为 21 世纪的关键能力,创新通常在认知、学习过程和思维的背景下出现。创新被概念化为产生创造性想法并在有用的新产品、流程和程序中实施的过程,而创新思维被概念化为认知过程,导致创新思维是创新过程中的思维能力,即创新思维是产生新想法或显著改进想法的认知过程。思维是否具备创造性,关键在于是否产生了崭新的结果。

创新思维是指以新颖独创的方法解决问题的思维过程,通过这种思维能突破常规思维的界限,以超常规甚至反常规的方法或视角去思考问题,提出前所未有的解决方案,从而产生新颖独到的且有社会意义的思维成果。

二　创新思维的基本特征[①]

1. 敏感性(sensitivity)

敏感性指敏锐地认识客观世界的性质,敏锐感知客观世界变化的特性。人们通过各种器官直接感知客观世界,但要理性地认识客观世界,就需要敏感的思维。

2. 独特性(originality)

独特性指按照不同寻常的思路展开思考,达到标新立异效果的性质,体现出个性。创造性成果必须具有新颖性,创造性思维的思路是独特的,不同于一般思维。

3. 流畅性(fluency)

流畅性是指能够迅速产生大量设想,思维速度较快的性质。反应敏捷,表达流畅。流畅性是对思维产生的速度的一种评价,表现为计算流畅、表达流畅等。

4. 灵活性(flexibility)

灵活性是指能产生多种设想、通过多种途径展开想象的性质。思想方法上多回路、多渠

---

① 王浩程,冯志友.创新思维及方法概论[M].北京:中国纺织出版社,2018.

道,生动活泼、体现出无穷魅力。

5．精确性(elaboration)

精确性是指能周密地思考,精确地满足详尽要求的性质。随着科技的不断发展,客观事物的复杂性要求人们细心观察,周密地思考。

6．变通性(redefinition)

变通性是指运用不同于常规的方式对已有事物重新定义或重新理解的性质。打破常规,克服思维障碍,找到突破口。例:曹冲称象、司马光砸缸等。

综上所述,敏感性、独特性、流畅性、灵活性、精确性和变通性是典型的创造性思维所具备的基本特征,其中以流畅性、灵活性和独特性为主。然而,并非所有的创造性思维都具有上述全部特征,而是各有侧重,因人因事而异。因此,我们在评价创造性思维时应该全面衡量,不能苛求完美无缺。

三　创新思维的一般过程[①]

创造性地解决问题比常规性地解决问题有着更为复杂的心理活动过程。创造性地解决问题的心理活动过程中有着独特的思维活动程序和规律,心理学家对这个过程做过大量的研究。英国心理学家华莱士(G. Wallas)通过对创造过程的分析,提出了创新思维的四阶段理论,把与创造活动相联系的创新思维过程分为准备阶段、酝酿阶段、豁朗阶段和验证阶段。

（一）准备阶段

准备阶段是在创造活动之前,围绕要解决的问题搜集以往的资料,积累知识素材及他人解决类似问题的研究资料的过程。

这个阶段的工作做得越充分,汇总的资料越丰富,越有利于开阔思路,从而受到启发,发现和推测出问题的关键,迅速厘清思路、明确方向、解决问题。因此,在这一阶段,应努力创造条件,广泛收集资料,有目的、有计划地为所规划的项目做充分的准备。为了使创新思维顺利展开,不能将准备工作只局限于狭窄的专门领域,而应当有相当广博的知识和技术准备。爱迪生为了发明电灯,仅由资料整理而成的笔记就有200多本,总计达4万多页。由此可见,发明创造不应依靠凭空杜撰,而应着重于日积月累的大量观察研究成果。

（二）酝酿阶段

酝酿阶段是在积累一定知识经验的基础上,在头脑中对问题和资料进行深入的分析、探索和思考,力图找到解决问题的途径和方法的过程。

在这个过程中,有些问题由于一时难以找到有效的答案,不妨把它们暂时搁置,从表面

---

①　王玉国.历练职场成就事业[M].天津:天津科学技术出版社,2013.

上看没有明显的思维活动,创造者的观念仿佛处于"冬眠"状态,但思维活动并没有因此而停止,并且每时每刻都萦绕在头脑中,甚至转化为一种潜意识。当受到一定刺激的作用,又会转入意识领域。例如,日间苦思不解的问题,夜间忽然在梦中出现。在这个过程中,容易让人产生狂热的状态,如"牛顿把手表当成鸡蛋煮"就是典型的钻研问题的狂热者。创新思维的酝酿阶段多属潜意识过程,这种潜意识的思维活动极可能孕育着解决问题的新观念、新思想,一旦酝酿成熟就会脱颖而出,使问题得到解决。

(三)豁朗阶段

豁朗阶段是经过充分的酝酿之后,在头脑中突然跃现出新思想、新观念和新形象,进入一种豁然开朗的状态,使问题有可能得到顺利解决的过程。

在这一阶段中,百思不得其解的问题,意想不到的闪电般的迎刃而解,头脑似乎从"踏破铁鞋无觅处"的困境中摆脱出来,有一种"得来全不费工夫"的感觉,并显示出极大的创造性。这是对问题经过全力以赴地刻苦钻研之后所涌现出来的科学敏感性充分发挥作用的结果,这种现象称为"灵感"或"顿悟"。许多科学家在创造发明过程中,都曾有过这种类似惊人的现象。

(四)验证阶段

验证阶段是在豁朗阶段获得了解决问题的构想或假设之后,在理论上和实践上进行反复检验,多次补充和修正,使其趋于完善的过程。

这个阶段,或从逻辑角度在理论上求其周密、正确;或是付诸行动,经观察实验而求得正确的结果。在验证期,创造者也许需要经过多次存优汰劣,才能使创造结果达到完美的地步。这是一个"否定—肯定—否定"的循环过程。通过不断的实践检验,从而得出最恰当的创新思维过程,该阶段的创新思维更具有逻辑思维的特色。

四 创新思维的生理学基础

人的创新思维活动作为人脑的一种特殊复杂的机能,是直接在人脑生理活动的基础上形成的。如果脱离了人脑生理活动,人的创新思维活动就成为无本之木,根本不可能发生。因为,从本质上说,创新思维活动就是人脑生理活动的功能体现。

随着现代神经生理科学、脑科学的日益发展,人们对人脑结构的认识也越来越丰富。总的来看,人脑生理结构是一个极其复杂的活动系统。就其功能意义上讲,是一个神秘的黑箱"小宇宙"。

大脑由左右半脑组成。实验结果表明:左右脑两半球在功能上也有相对不同的分工。左脑半球在语言、抽象思维集中思维及分析能力等方面起决定作用,主管语言、阅读、书写、计算、排列、分类和时间感觉,具有连续性、有序性和分析性的特点,被人们称之为理性脑。

而右脑半球则在视知觉、形象记忆、确定空间关系、识别几何图形、想象、做梦、理解隐喻、模仿、音乐、节奏、舞蹈及态度、情感等方面起决定作用,是处理表象,进行形象思维、发散思维、直觉思维的中枢,具有连续性、弥漫性、整体性的特点,被人们称之为感性脑。简单地说,左脑半球善于分析、抽象计算和求同,而右脑半球则倾向于综合、想象、虚构和求异。

就创新思维活动而言,主要以右脑为主。从左右脑与创新思维的关系而言,右脑发挥着更大的作用。脑科学研究的新成果表明:许多较高级的认识功能都出自右脑半球,右脑在创新思维中占有重要的地位。

人的大脑是高度统一的整体功能的有机体。大脑虽然分为左右脑两个半球,各自有着功能上的不同分工,但是左右脑之间并不是互不来往、彼此孤立的。前面已经提到,左右脑两个半球由胼胝体连接。胼胝体中大约有两亿根神经纤维,每秒钟可以把约 40 亿次神经冲动从一个脑半球传送到另一个脑半球,使左右两个半球息息相通,并在功能上形成相互交织、相互补充、相互配合、相互协调的关系,保证了大脑成为具有高度统一功能的整体。

在创新思维活动中,尽管右脑功能起主导作用,但并不是说左脑功能就无足轻重。从创新思维过程来看,左右脑功能始终是协同互补、共同完成的。英国心理学家华莱士(1869—1937)将创新思维过程分为四个阶段:准备期、酝酿期、豁朗期、验证期。准备期是掌握知识、收集材料、扩展知识广度的时期;酝酿期是对问题进行思考和分析并寻求解决方法的阶段;豁朗期是指经过酝酿期的思考和分析后,使创造性的新思想、新观念逐渐产生,有时在灵感的触发下形成解决问题的新的假设;验证期是对于许多新思想、新观念、新设想设法加以试验、评估和在实践中验证。在创新思维过程的不同阶段,左右脑两个半球起着各自不同的作用。在准备期和验证期,左脑处于积极活动状态并起着主导作用。这时,主要发挥的是左脑言语和逻辑思维功能,运用各种逻辑方法,如分析和比较、抽象和概括、归纳和演绎等,分析材料、寻找问题症结并检验假设、形成概念等。在酝酿期和豁朗期,右脑则起主导作用。这两个阶段是新思想、新观念产生的时期,也是创造过程中最为关键的时期。新思想新观念的产生往往不遵循常规的逻辑程序,而经常是突然地、偶然地出现。这正是右脑功能的特长,右脑的想象、直觉和灵感等非逻辑功能在此时期发挥着重要作用。

五　创新思维的心理学基础

人的创新思维活动不仅以其大脑的生理活动为基础,而且是一个伴随着和渗透着人的心理活动的复杂过程,创新思维的形成和发展决不能脱离其复杂的心理活动基础,二者存在着密切的内在联系。大量事实表明,创新思维活动作为人的自觉认识过程,是离不开其心理活动的制约与作用的,是以其创新心理活动为基础的复杂高级的精神创新过程。人要形成创新思维活动,必须建立相应的创新心理活动结构。创新思维心理活动结构首先是作为对创新目标进行趋近、创新的心理冲动过程存在的,它存在着创新心理活动的启动和驱动的运动功能趋向。形成这种心理活动功能趋向的构成要素就属于启动和驱动动力层次要素。它主要由三个基本要素依次构成。

（一）广泛而集中稳定的创新兴趣

许多学者认为，对某一事物进行创新思维活动的人，必须首先是对该事物产生浓厚兴趣的人。

兴趣作为心理活动的态度倾向，在创新心理活动整体过程中具有以下2个主要功能特性：

1. 创新心理活动的发动性驱动性和指向性。就是说，兴趣能启动、调整心理活动各种要素从而形成创新心理活动，全力驱动和指向创新目标，使人乐此不疲地不断进行创新活动。

2. 创新心理活动的激活性与强化性。兴趣如同兴奋剂一样可以激发人的创新心理活动，使人处于兴奋、愉悦、紧张等心理自由状态，从而有利于促进创新心理活动的功能实现。

（二）目标明确的创新动机

动机是推动和激励人去行动的内在主观原因，是引起和维持人的行为并将行为导向某一目标的主观愿望。动机作为心理活动范畴，就是指引起和推动人的行为过程的心理活动的内在动力或原因。因此，创新心理动机也就是引起、推动和激励人特定的创新行为活动的心理动力原因。

创新心理动机是出于创新心理需要和创新兴趣，并与创新目标相联系而导致创新活动发生的内在动力。它作为基本要素，必须具有遵循创新心理活动系统性质规范要求的特性。这主要表现在，创新动机必须具有明确的创新目标。心理动机只有与创新目标确实联系起来，才能具有推动行为活动稳定持久地指向创新目标的功能特征。否则，没有明确的创新目标的心理动机，不仅会使创新目标失去激励性，而且会瞬间中断消失，起不到创新活动的发动与推动作用。

具有明确的创新目标的心理动机，它在创新心理活动系统结构中具有以下主要功能：

1. 唤起创新活动的始动功能。恩格斯曾经说过："就个人来说，他的行为的一切动力，都一定要通过他的大脑，一定要转变为他的愿望的动机，才能使他行动起来。"创新心理动机与创新心理需要和兴趣一样，作为人们创新活动的心理动力，具有发动心理诸要素、形成创新心理活动状态的重要启动功能。

2. 维持创新活动达到目标的驱动促进功能。作为创新的心理动机必须具有相对的集中稳定的持久性，而不应是短暂分散的，只有这样才能贯穿创新活动始终，并起到维持和推进创新活动、达到创新目标。

3. 强化创新活动的功能。这种创新动机的强化功能存在于两个方面：一是创新动机因为具有明确的目标的指向性,因此,这种动机可以起到强化创新活动效应,成为推动创新活动发展的强大力量;二是在这种创新活动过程中,因为创新成功的体验与感染可以使创新动机本身得到进一步的强化,从而使创新动机更为坚定、更为明确,反过来进一步强化了创新心理活动。

(三)积极、饱满的创新情感

情感,是人心理活动很重要的品质因素。任何人的心理活动都必然存在情感因素。没有情感的心理活动是不可能存在的。所谓的无情,实际上也是一种"情",一种特殊的情感。

情感的产生既来自人的心理需要与兴趣,又来源于对客体对象的认识活动。如道德情感、爱国主义情感等的产生就与社会认识活动分不开。情感具有易变性,且变化的幅度较大,这是情感的本质特性。情感在创新心理活动中具有以下 3 个方面的功能:

1. 积极、饱满的情感对于创新心理活动具有积极的强化作用,继而对创新思维活动产生积极的推动作用。许多灵感思维就是在愉快的情感中产生的。

2. 消极、低沉的情感对于创新心理活动及其创新思维活动具有干扰或妨碍作用。

3. 情感及其情绪的变化对创新心理活动及其创新思维活动可以起到调控作用。情感向良好积极状态的变化,可以促进心理活动向积极的创新状态转化;反之,情感向消极、低沉的状态转化,会促使创新心理活动向坏的方面转化。

第二节　思维定势对创新思维的影响

长期以来的教育观念和传统思想已成为创新思维的障碍,创新必须打破这些枷锁,实现思想的解放,并且永远保持思想解放的状态。创新需要解放哪些思想呢? 主要是思维定势。

一　思维定势的概念

思维定势也叫思维惯性,指的是过去思维对当前思维的影响。人们将平时学习和实践中获得的知识、经验、观念和方法等要素进行积淀,并固化于大脑中,就构成了一定的思维方式。久而久之,在思维中就形成了固定的认识问题、分析问题和解决问题的模式,因很难改变而成为定势。

这种思维定势在人们的生活和工作中起着重要的作用,使人们能够驾轻就熟从而迅速地处理大量相似的问题。但在创新活动中,它却成为一种主要的思维障碍。这种障碍表现在创新活动中,人们根据解决问题的需要,在对头脑中原有的知识、经验、观念和方法等进行新的组合、构建时,思维定势会本能地进行阻挠,使人们在新问题面前仍然习惯于依据原有的思路进行思考，打不开思路，因而阻碍创新成果的产生。思维定势是保守势力的思想根源，无论是经济、科技还是政治、文化上的保守势力，都会在思维定势的作用下对创新者百般阻挠，甚至强力扼杀，从而严重阻碍社会的进步和发展。

二　思维定势的分类

思维定势多种多样，不同的人有不同的思维定势。常见的思维定势有从众型思维定势、书本型思维定势、经验型思维定势和权威型思维定势。

（一）从众型思维定势

从众型思维定势指没有或不敢坚持自己的主见，总是顺从多数人意志的一种广泛存在的心理现象。例如，当我们走到十字路口，看到红灯已经亮了，本应该停下来，但看到大家都在往前冲，自己也会随着人群往前冲。

从众思维定势最典型的例子是"羊群效应"。"羊群效应"是管理学上某些企业的市场行为的一种常见现象。例如一个羊群（集体）是一个很散乱的组织，平时大家在一起会盲目地左冲右撞，但如果一头羊发现了一片肥沃的绿草地，并在那里吃到了新鲜的青草，其他的羊样就会一哄而上，争抢那里的青草，全然不顾旁边虎视眈眈的狼，或者看不到不远处还有更好的青草。

（二）书本型思维定势

书本知识对人类所起的积极作用是显而易见的。现有的科学技术和文学艺术是人类两千多年来认识世界、改造世界的经验总结，其中的大部分都是通过书本传承下来的。因此，书本知识是人类的宝贵财富。我们需要掌握书本知识的精神实质，不能将书本知识当作教条死记硬背，否则将形成书本型思维定势，把书本知识夸大化、绝对化是片面甚至有害的。

当社会不断发展，而书本知识未得到及时和有效的更新时，书本知识相对于客观事实存在着一定程度的滞后性。如果一味地认为书本知识都是正确的或严格按照书本知识指导实践，将严重限制、禁锢创造性思维的发挥。

（三）经验型思维定势

经验是人类在实践中获得的主观体验和感受，是通过感官对个别事物的表面现象、外部联系的认识，是理性认识的基础，在人类的认识与实践中发挥着重要作用。但经验并未充分反映出事物发展的本质和规律。经验型思维定势是指人们处理问题时按照以往的经验去做的一种思维习惯，照搬经验，忽略了经验的相对性和片面性，制约了创造性思维的发挥。经验型思维有助于人们在处理常规事物时少走弯路，提高办事效率。我们要把经验与经验型思维定势区分开来，破除经验型思维定势，增强思维灵活变通的能力。

（四）权威型思维定势

在思维领域，不少人习惯引证权威的观点，甚至以权威作为判定事物是非的唯一标准，一旦发现与权威相违背的观点，就唯权威是瞻，这种思维习惯就是权威型思维定势。

权威型思维定势是思维惰性的表现，是对权威的迷信、盲目崇拜与夸大，属于权威的泛化。权威型思维定势的形成来源于多个方面：一方面是由于不当的教育方式造成的，在婴儿、青少年教育时期，家长和老师采用灌输式教育方式把固化的知识、泛化的权威观念传授下来，缺少对教育对象的有效启发；另一方面，社会中广泛存在个人崇拜现象，一些人采用各种手段建立或强化自己的权威，不断加强权威型思维定势。

三　突破思维定势[①]

从思维发展度来看，思维定势影响人们对所学知识的灵活运用，阻碍了创造性思维的发展。其实思维定势就是一种典型的习惯性思维。它让人对熟悉的事物容易把握，但涉及新情况、新问题、新领域、新学说时容易束缚人们的思维，难以发挥创造性。那么，该如何突破思维定势呢？应该从以下四个方面下功夫。

（一）培养积极的心态

主动进取，积极思考，并且有自觉克服思维定势的心理准备，这样就有利于建立、发展、强化积极的思维定势，达到增强创造性思维能力的目的。同时，培养积极的心态，还需要勇于正视自己，正确地看待自己和他人。一般来说，人们容易看到自己的优点，归功于己；看别人却往往会看到他们的缺点，责备于人。这是一种心理学现象，我们应该在自己的不断成长和进步中克服它。

（二）要不断地学习

掌握新的知识，广泛接触新的学科，为建立新的思维模式打下坚实的基础。一个人如果仅仅满足于一孔之见、一得之功，不能自觉地接受新的知识和新观念，就会把自己永远禁锢在过去经验和知识的窠臼里，无法获得创造性的成果。只有不断接受新知识，努力拓宽自己的知识面，才能使自身的创造潜能发挥出来。

（三）要有批判的精神

要突破原有的思维定势，就意味着对原有的经验、知识和观念的重新检讨和认识。批判精神是实现这种突破的必要条件。只有打破常规，大胆怀疑，严谨批判，才能突破已有的知识局限，由已知进入未知，或把已知变为具有未知因素的待探索的事物。

---

① 张正华,雷晓凌.创新思维、方法和管理[M].北京:冶金工业出版社,2013.

（四）要突破固定的思维方式和方法

变式防止泛化，人们对于相似的刺激往往容易产生泛化，这就要求应用变式的规律进行思考。例如数学中有关"顶"和"底"的教学，可以画出不同位置的等腰三角形，使底边在顶角的上方、右方和其他位置，学生通过这些变式图形，就会排除"底"一定在"顶"下边的定势干扰，防止了思维僵化，从而正确理解几何图形中"底边""顶角"这些概念的本质。

四 案例

在改革开放政策的鼓励下，于畅积极下海经商。他大胆探索改变传统饲料产业的经营方式，从企业正式投产开始，他主动联系养殖大户，与养殖农户订立诚信合约，把自己的产品先无偿地提供给养殖农户，帮助养殖农户解决购买饲料的前期投资难题和畜禽的后期销售风险，在养殖农户有了自己的收入后，再交付购买饲料的款项。正是这种大胆的"诚信经营战略"，使企业从一起步便与养殖农户建立了互信互利、忠实可靠的合作关系，既推动了农户养殖业的发展，也使自己的企业不断地发展壮大。因不安于现状，他进行了自己的第二次创业。他将公司的业务由单一的饲料生产、销售扩大为饲料生产、销售和畜禽回收、销售，进一步扩大了公司规模、延长了产业链，从而带动更多的农户一起脱贫致富。

哈拉海镇是农安县的肉鸡养殖基地，年均出栏肉鸡约500万只。过去这个镇的养殖农户一直与德惠市的德大公司合作，近年来由于德大肉鸡的销售利润减少，所以大多数养鸡农户自己购买鸡雏、饲料，自己找市场销售成品鸡。这样就出现鸡雏、饲料成本高，成品鸡销售困难等问题。通过市场调查，于畅很快获得了市场信息，经过认真分析和准备，他进入哈拉海市场，开始了"公司＋农户"的第一块试验田。

随着"公司＋农户"经营模式的推广，于畅的企业也实现了跨越式的发展。面对日益完善的现代市场，他深深感受到自己现有的知识水平远远不能满足未来社会发展的要求，必须抓紧时间学习相关知识。为此他阅读了大量的关于企业管理、市场研究与经济理论方面的书籍，并且研究了国内外著名企业家的自传，借用他们的成功经验，吸取他们的失败教训。他改变了以往私营企业家族式管理方式，不断地吸收人才，引进先进的企业管理经验和手段。现在，企业在坚持正常的生产经营外，还与沈阳某公司合作，专门聘请一批高级人才，进行后续产品的研制和开发。为了搞好产品销售，更好地占领市场，他聘请了具有本科以上学历的专业技术人才，担任各办事处的经理和业务员，更有一批专业的畜牧兽医师和饲料方面的专家队伍专门为养殖农户排忧解难。

第三节 动物生产类大学生创新思维培养路径

畜牧业是关系民生大计的重要支柱产业。畜牧业的快速发展,对建设现代化农业、增加农民收入、助力乡村振兴、促进国民经济和社会发展等起着十分重要的作用。动物生产类专业旨在培养具备畜牧养殖方面的基本理论和基本技能,能在畜牧养殖相关领域和部门从事技术与设计、推广与开发、经营与管理、教学与科研等工作的人员。

在创新驱动发展战略的引领下,畜牧业的发展也进入了高科技时代,如何突破传统畜牧观念的束缚,建设新时代背景下高水平的畜牧行业成为当代畜牧人的重要任务。目前,我国大学生普遍存在思维定势,究其原因,就是缺乏创新思维。要突破思维定势的束缚,培养大学生创新思维,激发大学生的创新思维潜能,增强大学生的创造性思维能力,铸就大学生创新实践的勇气和精神,就必须深入开展创新思维培养和训练的教育。

结合现代畜牧学发展的现状和趋势:从突破思维定势、打开思维空间、提升思维质量、养成思维品质等方面着手,努力将学生培养成充满探索精神、富有敏捷思维和创造能力的人才。

目前,各高校普遍采用的动物生产类学生创新思维培养路径主要包括本科生导师制、产学研用结合、案例教学。

一 本科生导师制

导师制是指从大一年级新生入学开始,随机为每位学生分配导师,在随后的四年中,导师为学生制订个性化培养方案并顺利开展各项教学实践活动,指导学生参加科研课题、课外科技活动和各类竞赛,为学生开展科研训练课程和学术专题讲座,加强对学生分析问题、解决问题的能力及动手能力和创新意识的培养。目前扬州大学、东北农业大学等高校已经发展并形成了成熟的本科生导师制制度,导师制分为"一对多"模式和"多对多"模式。

实施导师制度是对传统的学生思想教育工作的有力补充,是把专业教学和学生思想政治教育有机结合起来的一种有效的尝试,也是因材施教的具体体现。另外,实行本科生导师制,导师与辅导员、班主任相互配合,克服了传统学生管理工作的分散浅薄性。导师与学生密切的接触有利于加强导师对学生的思想引领,有利于大学生树立正确的世界观、人生观、价值观,使其充分将自身价值与推动社会和人类文明发展结合到一起,从而培养出合格的拔尖创新人才①。

二 产学研用结合

产学研用的密切结合是高校培养应用型创新人才的重要路径。产学研用是指一种通过将学习、生产、科研以及实践运用的有机结合而形成的一种模式,是为社会培养应用型创新人才的重要途径。但是,一直以来,动物生产类专业的专业理论教学和实践教学都存在着时间上的脱节问题,理论知识的学习集中在大学前三年完成,实践训练要等到大学最后一年才开始,由于大四阶段要进行毕业论文写作和答辩,同时又面临择业和考研,在这有限的一年时间里很难将前三年所学的理论知识在生产实践中进行验证和运用,因而使得理论和实践之间出现了较长的时间隔离。

要构建产学研用创新人才培养体系,必须注重以下几点:

(一)树立正确合理的人才培育观念

高校教师应意识到培养应用型创新人才的迫切性。高校的办学责任和教学目的就是为祖国培养一批又一批优秀的技能型人才,高校开展的产学研用活动的首要任务就是为培养应用型创新人才而提供服务。基于高校的角度而言,产学研用应是为满足国家和社会的实际需求而培养人才,再利用研究活动取得的成果服务社会和企业。值得注意的是,千万不可将产、学、研、用四者之间的关系弄混、颠倒顺序②。

(二)构建完善的产学研政策和制度协同体系

构建完善的产学研政策和制度协同体系,需要政府的引导与支持。特别是制定长期的产学研协同工作与人才培养计划这种战略性工作,更需要着眼于国家发展形势的高度进行规划。这样的规划不是单个科研人员或者单个科研机构可以完成的,而是需要在党的带领下进行。

(三)科学谋划推进高校产学研协同创新平台建设

高校产学研协同创新平台的建设必须依托企业和科研机构进行,由政府主导,高校落实,依靠企业资助进行科学谋划。产学研协同创新平台具体运行机制主要分为三种:第一,利益机制。要形成高校的科研单位与企业互利互惠联合申报的科研形式,以合同为基础,以利益为目标的利益共享风险分担体系,确保科研成果产业化、实际化,在利润的驱动下由企业主动检验科研成果的实用性。第二,协同机制。科研项目仅仅依靠国家提供的资助是远

---

① 徐良梅,冯佳炜,李仲玉,等.动物生产类专业拔尖创新人才培养模式的探索与实践[J].黑龙江畜牧兽医,2014(9):183–185.
② 李香子,张来福,闫研,郭盼盼.产学研协同创新培养动物科学拔尖创新人才模式和机制研究[J].现代农业研究,2019(09):107–111.

远不够的,还需要企业分担甚至主导,将科研经费分为国家拨款与企业自筹两部分进行。第三,学习机制。学习机制的构建不仅仅是学生学以致用的有效途径,而且是培养学生从事本专业的积极性、为动物科学行业提供高素质人才的最佳方法,也是探索企业与高校联合培养学生的具体途径[1][2][3]。

三 案例教学

案例教学由哈佛大学法学院创立,是培育学生创新思维的有效方法。案例教学通过对典型案例的理论分析,探求案例实际问题与理论的内在联系,并以其为工具去解决与典型案例相似的问题。

案例教学应遵循以下基本准则:

(一)培育创新思维是案例教学的主要目标

案例教学的初衷应是激发学生对现实经济现象的深入思考,以解决经济问题为目的,这与培育创新思维不谋而合。因此,培育创新思维应成为案例教学最主要的教学目标。

(二)获取专业理论知识是实施案例教学的前提

采用案例教学模式,并非要摒弃理论教学环节。相反,理论教学部分是非常重要的。只有深入理解专业基础理论,才能启发学生用专业思维思考教学案例中需要讨论的问题。

(三)在案例教学过程中,需注重培育创新思维的心理实现机制

在案例教学中需要提供萌发创新思维的“心理土壤”。教师要启发学生思考行业发展不足之处,鼓励学生敢于提出问题,勤于思考,勇于质疑。教师要鼓励学生运用发散型思维和批判性思维,让学生敢于说出不同的观点。

此外,利用案例教学培育学生的创新思维还需要一些配套措施,如此才能取得预期效果。这些措施包括:

1. 实施案例教学的课程需要投入大量人力和物力建设案例库。案例应选取贴近生活的事例,内容富于争议且能启发学生思考。

2. 采取课程组的形式。案例教学需要教师付出大量的时间和精力。为取得更好的效果,教学宜采用课题组的方式,同一门课程的教师集体备课,这样可以减轻教师的备课压力,且集体智慧让案例教学的内容更丰富。

---

[1] 余道伦,左瑞华.动物生产类课程产学研创相结合的教学改革与实践[J].湖北经济学院学报(人文社会科学版),2014,11(3):190-192.

[2] 张扬,包强,金志明.校企合作推动遗传育种专业人才培养的思考:以扬州大学畜牧学专业为例[J].当代畜牧,2019(14):36-38.

[3] 孟兆娟,刘彦军.创新思维培育视阈下的高校课堂案例教学探究——以大学经济学课程的案例教学为例[J].湖北第二师范学院学报,2019,36(12):96-99.

3. 采取线上与线下相结合的授课模式。线下教学主要围绕案例教学的"六个环节"展开,线上教学为线下的补充,以答疑和发布案例教学资料为主[1][2]。

实践证明,案例教学在应用型专业创新人才培养中具有显著的效果,本教材第四章将以案例教学的形式,培养学生的创新思维。

---

① 王荣芳. 案例教学与创新人才培养的立体化教学模式研究[J]. 中国人才,2012(8):68-69.
② 陈丽丽,王松涛,邓小莉. 园林专业大学生科技创新能力培养模式的探索[J]. 中国现代教育装备,2011(9):93-95.

动物生产类大学生
创新思维培养方法

本章主要介绍了发散思维等九大创新思维的培养方法,并结合动物生产过程中的应用案例,深入领会九大创新思维的培养方法的内涵,能够熟练掌握该方法并运用于动物生产类大学生创新思维培养的过程中。

第一节 发散思维

一 发散思维的含义

发散思维也叫扩散思维、辐射思维、多向思维等,是指人在思维过程中,无拘束地将思路由一点向四面八方展开,从而获得众多的解题设想、方案和办法的思维过程。

我们所说的那一个点就是问题对象和问题中心,各条思路好像车轮上的辐条一样向外放射。每一条思路都是由问题中心发出的,但各条思路之间没有逻辑上的联系,互相的转换不是直接的。所以,发散思维本质上是一种非逻辑思维形式。正因为如此,发散思维所捕捉到的思维目标有可能脱离大脑内已有的逻辑框架而具有新意,成为一个新的创新萌芽。发散思维在创新活动中具有重要作用的原因就在这里。

二 发散思维的特征①

(一)流畅性

它是指思维的进程流畅,没有阻碍,在短时间内能得到较多的思维结果,体现了发散思维在数量和速度方面较高的要求。发散思维的流畅性有的人强些,有的人弱些,但经过训练,大多数人都可以达到较流畅的程度。

(二)变通性

变通性是指发散思维的思路能迅速地转换,从而得到更多的思维结果,为选择解题方案提供更多的可能。在变通性方面,人与人的差异性往往很大。我们常常说有的人死心眼、一根筋、一条道跑到黑,就是说这些人的变通性较差。那些思想僵化、性格偏执的人,往往思路狭窄,发散思维能力低下。而那些思想灵活、性格温和的人往往善于变通,发散思维能力强。

(三)独特性

独特性体现的是发散思维提出设想或答案的新颖性程度,是发散思维的灵魂,属于最高层次。如果一个人的发散思维没有独特性,那就不可能为创新思维提供什么有价值的东西,发散思维也就失去了创新的意义。在实践中,使自己的发散思维结果具有独特性,是我们每个人追求的目标。对于这方面能力的掌握是因人而异的,而且一个人在不同时期的能力也有强有弱。经过培养和训练,或克服了某些心理上的障碍,这方面的能力是可以增强的。

---

① 王浩程,冯志友.创新思维及方法概论[M].北京:中国纺织出版社,2018.

三　发散思维的培养方法

（一）组合发散法

组合发散法就是将不同的事物合成一个整体的发散思维法。组合就是创新，组合发散法在创新活动中的作用越来越大。据统计，20世纪80年代以后，组合型成果已经超过了突破型成果，成为科技创新的主导。

（二）侧向发散法

侧向发散法即当思考某个问题，遇到难以解决的困难时，可以不从正面直接入手，而是另辟蹊径，从侧面寻找突破口，这样往往能化难为易、变被动为主动。

（三）信息交合发散法

信息交合发散法又叫魔球法或坐标法，是我国创新研究者许国泰先生独创的一种发散思维方法。信息交合方法是将研究对象的总体信息分解成材质、质量、体积、长度、截面、韧性、颜色、弹性、硬度、直边、弧等要素，然后将这些要素用一根标线连接起来，得到一根横的信息坐标——X轴，接着将研究对象与人类各种实践活动相关的用途进行要素分解，连成纵的信息坐标——Y轴，两轴相交垂直延伸，形成信息反应场。利用两轴信息交合，可使人们的思维具有更广的扩散性。该方法不仅可以用于新产品开发，而且还可以用于管理和指导设计等方面。

总之，在发散思维时，应从项目的中心思维点向四面八方发散，寻找与此项目有关的一切事物，使此项目开发、设计得更丰富、更完美、更有深度。在发散思维训练时，应做到以下两步：一是从项目出发，思维要开阔、点子要多，尝试用多种办法，并把它们一一记录下来；二是对它们进行筛选整理，择优选取。

四　案例

从"厂家—经销商—农户"模式到"公司＋农户"模式的转变：对于厂家来说，"厂家—经销商—农户"的销售模式可以使企业减少经营风险，市场维护工作做得也比较容易，而且可以降低销售成本。对经销商来说，"厂家—经销商—农户"的销售模式可以保障自己所经营的品牌在一个区域内的独占性，保证自己获得利润。传统的销售模式中，经销商是连接厂家与农户的桥梁和纽带，也正是因为这种桥梁和纽带的作用，经销商才成为传统销售模式中不可缺少的一环，这也是经销商获得利润的基础。如果抛开经销商，由厂家直接与农户打交道并分享经销商的利润，这样就可以实现厂家和农户利润的双赢。厂家可以降低自身产品的价格，施行薄利多销的政策，从而拥有更多的农户，农户也能以较低的成本投入获得更多的收益。"公司＋农户"模式使得于畅的企业在面对国内诸多大企业的竞争中得以生存发展。

销售思路转变：某公司根据养殖农户的实际情况，依据互信原则，为养殖农户无偿提供优质、低价的鸡雏、饲料和无息贷款，帮助养殖农户扩大养殖规模。不需养殖户投资，由公司负责回收和销售养殖的畜禽，待养殖农户成品鸡出售后，再统一结算。公司和养殖户共同承担养殖风险，让养殖农户营利之后再逐步还清贷款。这种做法能够减少农户养殖过程中因不当行为造成的损耗，增加成品鸡的产量，提高产品质量。公司借助高质量的产品可以拓宽销售渠道，获得品牌效益。

孵化—饲养（供应饲料）—回收—屠宰—加工—销售的闭合产业链：利用企业本身的饲料厂供应饲料，利用与农户之间的合作关系，将部分孵化饲养工作分配给大量农户。等饲养周期结束，公司从农户方面进行回收，进而加工、销售。在当今环境下，企业、集团间的竞争已从产业链单一环节间的竞争发展为多环节的综合竞争，竞争重点也上升为各产业链间的竞争。顺应此种发展态势，现代企业特别是大型企业集团只有完成产业链的一体化，实现产业链闭合，才能发挥集团协同优势，有效抗击经营风险，形成比较竞争优势。

吉达牧业发展有限公司的前身是吉达饲料厂，在总经理于畅的带领下，该公司不断发展壮大，业务由原来单一的饲料生产、销售发展到现在的集饲料生产、销售、畜禽回收、销售"一条龙"服务于一体，与公司长期签订养殖回收协议的农户达 1 000 多户，覆盖了农安县、德惠市和公主岭市等县市的几十个乡镇，从业人员达 1 000 多人，真正成为"公司＋农户"带领农民增收致富的龙头企业。每当提起创业时的艰辛，作为吉达牧业发展有限公司创始人的于畅都有无限的感慨。1994 年，在改革开放政策的鼓励下，刚刚从农安师范学校毕业的于畅积极响应党和政府的号召，毅然放弃了教师这个当时在人们眼里旱涝保收的"铁饭碗"，主动下海经商，开始了自主创业的生涯。创业之初，摆在于畅面前的第一个问题就是选择哪一个行业进行发展。经过一系列的市场调查，于畅在父亲的支持下选择了饲料行业。就这样，吉达牧业发展有限公司的前身——吉达饲料厂建成并投产了。办厂初期，由于企业规模和产量都很难与大企业抗衡，"如何在市场竞争中生存并将企业做大做强"这一难题摆在了于畅面前。凭借着自己的人生信条和经营理念，他大胆探索，改变了传统饲料产业的经营方式。从企业正式投产开始，他主动联系养殖大户，与养殖农户订立诚信合约，把自己的产品先无偿地提供给养殖农户，帮助养殖农户解决购买饲料的前期投资难题和规避畜禽的后期销售风险，在养殖农户有了自己的收入后，再交付购买饲料的款项。正是这种大胆的"诚信经营战略"，使该企业从一起步便与养殖农户建立了互信互利、忠实可靠的合作关系，推动了农户养殖业发展的同时，也使企业不断地发展壮大。

在于畅的带领下，经过吉达饲料厂全体员工的共同努力，经过 6 年的拼搏，吉达牌饲料不仅在吉林省市场中打出了一片天下，而且在辽宁省、黑龙江省和内蒙古自治区都拥有了自己的市场份额。

面对运行良好的企业和逐年增加的利润，于畅并没有满足于已经取得的成绩。于是，于畅开始了他的第二次创业,将吉达饲料厂更名为吉达牧业发展有限公司,并将公司的业务由单一的饲料生产、销售扩大为饲料生产、销售和畜禽回收、销售。这次企业的更名和公司业务的增加,让很多养殖农户看到了希望,他们纷纷找上门来,要求与公司合作。但此时公司的资金有限,如果对每一个前来寻求合作的农户都给予支持,根本起不到什么作用。鉴于这种情况,于畅一方面对前来寻求合作的养殖农户们说明情况,另一方面则积极选择典型农户准备加以扶持。

哈拉海镇是农安县的肉鸡养殖基地,近年来由于饲养德大肉鸡的利润减少,所以大多数养鸡农户自己购买鸡雏、饲料,自己找市场销售成鸡。这样就出现鸡雏、饲料成本高,成品鸡销售困难等现象。通过市场调查,于畅很快获得了市场信息,经过认真分析和准备,他满怀信心地进入哈拉海市场,开始了他"公司+农户"的第一块试验田。

第一炮打响了,于畅决定根据公司的情况再选择 10 户养殖农户进行扶持。就这样,于畅的吉达牧业发展有限公司扶持的农户越来越多,越来越多的养殖农户在该公司的帮助下走上了富裕的道路,他的"公司+农户"的发展模式获得了空前的成功。于畅还先后协助养殖农户与内蒙古、黑龙江几大肉鸡冷冻厂签订了回收合同,解决了农户无资金养鸡、成鸡销售困难等难题。很多养殖农户都说,是吉达牧业发展有限公司给他们提供了第二次发展的机会。为了更好地扩大市场,于畅还定期派技术人员到养殖农户家中,帮助养殖农户解决经营难题,让企业对养殖赔钱的用户实行减免政策。这一系列的做法,不但使企业开拓了市场,也受到广大养殖户的认可和好评。随着"公司+农户"经营模式的推广,于畅的企业实现了跨越式的发展,现已在农安县的靠山、万顺、合隆、德惠市的郭家等乡镇建立了办事处,年收购和销售肉鸡 1 000 多万只,实现产值近 2 亿元。

吉达牧业发展有限公司在"公司+农户"的经营模式定位以后,于畅在与养殖农户的接触中,他被农民那种纯朴善良的本性所打动,同时也为如何带动广大农户共同致富而焦虑。为此,他决定向 100 多困难农户提供资金支持,用于建鸡舍及购买养殖设备。许多养殖农户在他的扶持下,迅速脱贫致富。

改革开放、市场经济为弄潮儿提供了十分广阔的发展空间,这就对每一个经营者都提出了越来越高的要求。于畅清醒地认识到,作为一名年轻的企业经营者,不能满足于现状,一方面,要"实实在在做人,踏踏实实经商";另一方面,要有拼搏于更广阔市场的雄心与气魄,用积极的态度去应对国内外环境变化带来的困难和挑战。面对日益完善的现代市场,他深深感受到自己现有的知识水平远远不能满足未来社会发展的要求,必须抓紧时间学习相关知识。为此他阅读了大量的关于企业管理、市场研究与经济理论方面的书籍,并且研究了国内外著名企业家的自传,借用他们的成功经验,吸取他们的失败教训。他改变了以往私营企业家族式管理方式,不断地吸收人才,引进先进的企业管理经验和手段。现在,企业在坚持正常的生产经营外,还与沈阳波音公司合作,专门聘请一批博士、硕士生等高级人才,进行后续产品的研制和开发。为了搞好产品销售,更好地占领市场,他聘请了具有本科以上学历的专业技术人才,担任各办事处的经理和业务员。更有一批专业的畜牧兽医师和饲料方面的专家队伍,专门为养殖农户排忧解难。在经营企业中,他坚持"以人为本,注重科学,尊重科学",使企业不断从小到大,而他自己也在发展企业的过程中,努力使自己成为一名既有商业头脑,又有丰富学识的现代年轻企业家。

企业的初步成功并没有令于畅沾沾自喜,他又把目标指向更高更远的前方。在原有企业基础上,他的想法是"在三年内再建造一座肉鸡屠宰厂和一座肉鸡加工厂,规模为日屠宰肉鸡 10 万只,年销售额达到 5 亿元,利税 5 000 万元。这样,企业可形成一个孵化—饲养(供应饲料)—回收—屠宰—加工—销售的闭合产业链条。企业全部达产后,发展成为农安县最大的饲料加工及肉鸡加工基地,带动农户 5 000 户"。同时,一个企业的发展与"高效、合理、科学"的管理是密不可分的,企业发展壮大的同时,一个有能力的管理团队也是至关重要的,于畅准备对企业的管理人员进行市场营销和企业管理方面的培训(全部由公司出资),使企业管理科学化、系统化。只有这样,企业在未来的发展竞争中才能越走越远,立于不败之地。

第二节 收敛思维

一 收敛思维含义

收敛思维又称集中思维、辐集思维、求同思维、聚敛思维,是一种寻求唯一答案的思维,其思维方向总是指向问题中心。"发现问题点,再把问题点集中的思考方法叫作集中思考"。和发散思维相反,收敛思维在解决问题的过程中,总是尽可能地利用已有的知识和经验,把众多的信息和解题的可能性逐步引导到条理化的逻辑链中去。

二 收敛思维的特征[①]

收敛思维实际上是一种按照逻辑程序进行思考的方法,离不开逻辑思维常有的分析、综合、抽象、判断、概括、推理等思维形式。所以,收敛思维的特征与逻辑思维的特征大体上是一致的,主要包括封闭性、连续性和求实性。

(一)封闭性

如果说发散思维的思考方向是以问题为原点指向四面八方的,具有开放性,那么收敛思

---

① 郑理.学习·创新·职业生涯[M].徐州:中国矿业大学出版社,2008.

维则是把许多发散思维的结果由四面八方集合起来,选择一个合理的答案,具有封闭性。封闭性的直接体现就是在收敛的过程中不再有新的解题设想或方案出现,已有的设想或方案的数量也会通过评价、选择的优化过程变得越来越少,直到获得一个最优或相对最优的结果。

(二)连续性

前面讲的是发散思维的过程,是从一个设想到另一个设想时,可以没有任何联系,是一种跳跃式的思维方式,具有间断性。收敛思维的进行方式则相反,是一环扣一环的,具有较强的连续性,这是由逻辑思维的因果链所决定的。

(三)求实性

发散思维所产生的众多设想或方案,一般来说多数都是不成熟的,也是不实际的,我们也不应对发散思维做这样的要求。对发散思维的结果,必须进行筛选,收敛思维就可以起到这种筛选作用。被选择出来的设想或方案是按照实用的标准来决定的,应当是切实可行的。这样,收敛思维就表现出很强的求实性。

通过以上介绍,我们可以知道,收敛思维和发散思维是不尽相同的,它们既有区别,又有联系。可以说,它们是创新思维不可缺少的两翼。这两翼协同动作,创新思维才能顺利展开。

三 收敛思维的培养方法

(一)间接注意法

间接注意法,即用一种拐了弯的间接手段,去寻找"关键"技术或目标,达到另一个真正目的。也就是说,要求你把东西分成类别,分类的过程导致另一个后果,对被分类的东西进行仔细考察,去评估每一种有关的价值,这才是使用间接注意法的真实意图。

我们在思考问题时,最初认识的仅仅是问题的表层(表面),这也是很肤浅的东西,然后才是层层分析,向问题的核心一步一步地逼近,抛弃那些非本质的、繁杂的特征,以便揭示出隐蔽在事物内的深层本质。

(二)聚焦法

聚焦法,就是人们常说的"沉思、再思、三思",是指在思考问题时有意识、有目的地将思维过程停顿下来,并将前后思维领域浓缩和聚拢起来,以便帮助我们更有效地审视和判断创新对象。聚焦法有利于培养我们定向思维的习惯,向纵深思考,以便最后顺利解决问题。

四 案例

雅安多赢蜜蜂养殖合作社由三名四川农业大学在校大学生于 2014 年发起成立并经营

至今,2017 年年产蜂蜜 400 多吨,每户蜂农平均增收 3 万多元。2018 年成为省级标准化养蜂基地,市级示范性生态农业观光园,代表四川省农产品参与"中国制造"卡塔尔展销,是大学生在农村创业中较为成功的典型案例。此外,养蜂行业具有场地流动性强、生产随意性大、管理松散性突出等特点,这些产业特征使得大学生在农村创业中面临的内部治理与外部资源整合问题更为复杂①。

合作社创始人和理事 Z 依靠自己的校园影响力和号召力现已吸引了一批大学生加入合作社的管理及营销团队。2017 年末,合作社有社员 102 户,建成种蜂场和养蜂基地各 1 个,并且开发出多条流动放蜂线路。

利用"互联网+",将电子商务与传统养殖相结合,实现农村复兴和绿色生态养殖的跨界、融合,帮助农村贫困人口就业创业,使他们不再因外出务工留下空巢老人和留守儿童,重拾闲置撂荒的土地,实现精准扶贫,创新扶贫模式,真正实现"授人以渔",使贫困农户成为互联网时代的新农人。建成微信、微博自营平台,在淘宝等线上销售平台进行销售,与多家公司建立互利互惠关系,利用微博、微信、抖音平台营销。通过抖音等直播平台,可随时随地观看种植、养殖生产的实时动态,通过微博、微信可以随时随地晒出产品与服务,无论是图片还是视频,都可以实时分享劳动成果。除此之外,还可以通过这些平台进行产品与服务销售,在抖音、微博和微信上售卖产品已经成为现代农业营销的一种必备技能,尤其是利用微信公众号(订阅号和服务号)、微信矩阵等更好地推广雅安多赢蜜蜂养殖合作社的原生态品牌。也可以使用专业 APP 进行产品销售和品牌推广。专业开发关于蜜蜂养殖的手机 APP,建设基于微信平台二次开发的应用程序,通过手机移动 APP 程序加大对合作社产品品牌推广和产品销售的同时,逐步提高品牌的软实力及市场影响力。目前该合作社正在建设蜂蜜加工厂、赏花采蜜生态观光园,还可拓展为青少年儿童农学文化体验基地。根据现代消费娱乐化和体验化的趋势,将消费者从线上消费引至线下消费,将生产基地的实际情况(视频、图片等)通过互联网平台和微平台展现在消费者面前,同时通过电子商务平台和实体平台向农产品生产企业、生产经销商及二级专业市场公布市场供需信息和市场价格信息,并将需求量、供给量、生产企业的联系信息、需求方信息在平台上展示,真正实现"生产加工基地+互联网平台+市场信息"一体化的营销运营模式。合作社业务范围主要包括在产前组织采购蜂具、选育优良蜂王、规划放蜂路线,在产中进行养蜂技术培训、养殖模式改造,在产后收购和销售蜂产品。

---

① 苏代钰,蒲诗杨,朱清钰.基于合作社平台的大学生农村创业模式分析——以雅安多赢蜜蜂养殖合作社为例[J].农村经济与科技,2019,30(11):44-47.

第三节　逆向思维

一　逆向思维的含义

什么是逆向思维？逆向思维是一种突破常规定型模式和超越传统理论框架，把思路指向新的领域和新的客体的思维方式。逆向思维就是有意识地从常规思维的反方向去思考问题的思维方式。这就是我们通常所说的"从反面去想想""唱唱反调"。由于主动地打破了常规思维的单向性、单一性、习惯性与逻辑性，能使我们去注意和思考平时顺着想而想不到或者容易忽略的问题的另一端、另一点、另一面，这样就有助于我们全面、深入思考问题，故往往能在常规思维之外，找出解决问题的新方法。

逆向思维不迷信原有的传统观念和经典信条，它对既定事物进行批判性的思考，体现的是一种叛逆精神。这种思维在一般人看来是不合情理的甚至是荒谬的，但正是因为采取了这种思维，创造者才得以摆脱传统观念和习惯势力的桎梏，向着崭新的成果跃进，创造出新的观念和理论，导致革命的出现，实现新旧理论的更替。

可以说，科学史上的众多次飞跃都是逆向思维的结果，或推翻原有的荒谬学说和过时理论，或突破原有理论限制把科学引向新的领域。

二　逆向思维的特征

逆向思维作为一种有别于正向思维的思维方式，有其特别的地方。那么它与正向思维方式相比，具有哪些特征呢？

（一）普遍性

任何事物都具有正反两个方面，既可以从正面思考问题，又可以从反面思考问题。所以，逆向思维在不同领域、各种活动中都具有适用性，如市场营销、服装设计、教育培训等。它的形式和内容多种多样。思维实践证明，人们已经在不同领域、各个活动的思维过程中都经常性地使用了逆向思维。无疑，逆向思维具有普遍性的特征。

（二）多样性

不同领域或不同事物的表现形式是多种多样的，这就决定了逆向思维必须根据不同领域或不同事物的不同表现形式采取相应的思维形式，如事物属性上对立两级的转换，即坚强与懦弱、优点与缺陷等；结构、位置上的互换颠倒，即上与下、左与右等；过程上的逆转，即气态变液态或液态变气态、电转为磁或磁转为电等；方法或手段上的变换，即正面论述改为反面论证,或反面论证改为正面论述等。

(三) 批判性

在思维实践的过程中,逆向思维是建立在对传统、惯例、常识的反叛基础上的,是对常规思维的否定和挑战。这种思维克服了思维定势,破除了由经验和习惯造成的僵化的认识模式,对传统、常识提出批判;同时需要胆量和勇气,即需要批判性精神,正是这种批判性精神决定了逆向思维的批判性特征。

(四) 新奇性

人们总是按照传统的思维方式思考问题,久而久之,思维就会陷入一种呆板的模式,有时候思维会陷入死胡同。运用逆向思维是以反方向、反惯性的方式提出问题、思考问题、解决问题,所以常常能够收到令人振奋的效果,给人耳目一新的感觉,具有很突出的新奇性。

(五) 突破性

运用常规思维,由于受经验或习惯的束缚,思想观念就会长期地停留在原有的基础上,很难有进步和发展。而运用逆向思维,就会冲破习惯的束缚,产生前人从来没有过的解决问题的方法。不少科学家的创造发明,政治家的崭新的思想观念,都是运用逆向思维所创造的灿烂成果。

三 逆向思维的培养方法

(一) 方位逆向法

方位逆向就是双方完全交换,使对方处于己方原先位置的换位。它不仅仅是指物理空间,更是指一种对立抽象的本质。其相反相成的对立面有:入—出、进—退、上—下、前—后、头—尾,等等。

方位的逆向并不是最终的目的,逆向只是一种手段:物与物逆向换位可以改变原来的作用,产生新的效果;人与人的逆向换位则可以使自己站在对方的角度进行观察和思考,达到切入核心的目的。

(二) 属性逆向法

事物的属性往往是多向位的,一件事情可以从不同的角度去理解,即使同一件事情从不同的角度观察,其性质也可以是多方面的,并且是相互转化的。就像钱钟书说的"以酒解酒、以毒攻毒、豆燃豆萁、鹰羽射鹰",包含着极大的矛盾性。例如,好—坏、大—小、强—弱、有—无、动—静、多—寡、冷—热、快—慢、有—无、增—减等等。

(三) 因果逆向法

逆向思维中"倒因为果,倒果为因"方法在生活中的应用是极其广泛的。有时,某种恶果在一定的条件下又可以反转为有利因素,关键是如何进行逆向思考。

(四) 心理逆向法

心理逆向是逆向思维的一种常见方法,心理逆向法即在思考的过程中摒弃自身局限,先探究对方的思想,然后反对方的思路而行事。

(五) 逆向思维要敢于怀疑

必须要有一种敢于怀疑的精神。这种精神越强烈越好。一些逆向思维者并不认为习惯性的做法总是正确的,最佳的,不会有坏处的。如果每个人都做同样的事,有时候这件事很有可能是错误的,甚至是愚蠢的。

怀疑能打破迷惑。这个世界上,有许多扑朔迷离的东西,有时候我们会上相信其表面现象的当,这就需要我们有怀疑精神。

四 案例

小龙虾,学名克氏原螯虾,原产于美国、墨西哥等地,于 20 世纪 30 年代经日本引入我国,在政府的扶持和带动下,小龙虾现已发展成为具有地方特色的主导产业,多个地区围绕小龙虾,打造各具特色的活动,例如,江苏盱眙,一提到盱眙,大家第一时间就会想到小龙虾。与此同时,小龙虾如今已是我国长江中下游各省市重要的经济淡水虾类。小龙虾不仅味道鲜美、肉质细嫩,而且虾肉内富含微量元素,尤其是硒元素含量较高,此外还有研究证明小龙虾对于免疫学和神经生物学等领域也有着重要作用,有助于提高机体的免疫力,因此小龙虾是一种健康、保健的绿色水产品。

龙虾的旺季是 5～10 月份,由于小龙虾的习性,当水温低于 12℃ 时,小龙虾开始穴居,停止觅食,此时很难捕获到小龙虾。因此每到淡季,小龙虾市场供小于求,市场行情一样好,利润也一样很高。所以,对于小龙虾产业而言,养殖淡季并非消费淡季,食客的热情在冬、春两季依然高涨。

那么怎么来解决春、冬两季小龙虾供小于求这个问题呢? 此时,逆向思维就显得难能可贵,对于在春、夏两季销售火爆的小龙虾来说,秋末初春以及整个冬天,龙虾的上市量都会急剧萎缩,就算是在发达的北京、上海等一线城市也不例外。在淡季的时候,小龙虾的市场规模小了很多,但如果能提供货源,利润反比高峰期要高不少。逆向思维就是怎样在秋末到初春这个阶段把小龙虾推向市场,既保证产量又能让消费者花较少的钱就能享受小龙虾。

目前我国大棚养殖各类龙虾的技术已经很成熟,通过人为控制温度等自然条件,实现了包括小龙虾、南美白对虾、罗氏沼虾等的冬季养殖,既产生了巨大的经济效益,又大大丰富了人们的餐桌。根据小龙虾的生活习性及生长特点,利用装配采光设施的大棚合理地控制水温、水质,采取最佳的养殖密度,在养殖淡季养成小龙虾并成功上市。该模式下可以将水温控制在最适宜范围,不会发生类似夏季高温细菌大量滋生的情况,也能有效地抑制蓝藻泛滥,同时不会发生冷热交替的情况,小龙虾在一个相对稳定的环境中生长,极大地降低了应激,因此发病率大大降低,个体生长良好,产量会比常规养殖模式高。与常规淡水小龙虾养殖相比,上市价格平均提高 30 元/千克,产值可平均提高 9 000 元/亩,去除加温成本 5 000元/亩,每亩水面效益比常规小龙虾养殖模式提高 4 000 元。另一方面,结合常规养殖与反季养殖,提高了池塘利用率,提升了池塘的综合经济效益[1][2]。

第四节　直觉思维

一　直觉思维的含义

中外学者普遍认为,直觉思维是人类思维的一种重要形式,对人类社会的发展产生着重要而积极的影响。

爱因斯坦认为,关于科学创造原理的思想可以简洁地表述为这样一个模式:经验—直觉—概念式假设—逻辑推理—理论。这其中的"直觉",字面上的意思是直接的感觉,本源于第一感觉和第六感觉。爱因斯坦曾经明确宣称:我信任直觉。

美国著名心理学家布鲁纳认为,"直觉思维(非逻辑思维的一种典型形式)是组合部分信息(几个线索),利用一闪念,感知事物结构全貌的思维"。凯德洛夫则用更鲜明的语言表示:直觉是"创造性思维的一个重要组成部分""没有任何一个创造行为能离开直觉思维"。

结合中外学者关于直觉思维的论述,姚风云等的《创造学理论与实践》中把直觉思维定义为:"直觉思维是一种未经逐步分析,而是凭借已有的知识经验,便能对问题的答案做出迅速而合理的判断的一种思维方式。它是一种无意识的非逻辑的思维活动。"

二　直觉思维的特征[3]

(一)直接性

直觉思维不用逻辑推理,也不需分析综合,而靠直接的领悟,就能对遇到的事物和接触的问题直接做出反应,并能在刹那间直抵事物的本质或得出结论,或提出解决问题的办法。这是直觉思维最根本的特征。

---

① 李楚君,涂宗财,温平威,王辉.中国小龙虾产业发展现状和未来发展趋势[J/OL].食品工业科技:1－18[2021-09-25].https://doi.org/10.13386/j.issn1002-0306.2021040290.
② 贺文芳,朱金波.小龙虾反季养殖可行性与技术探讨[J].科学养鱼,2016(05):28.
③ 彭健伯.开发创新能力的思维方法学[M].北京:中国建材工业出版社,2001.

爱迪生运用直觉思维确定鱼雷形状,就明显体现出思维的直接性。在海战中,最初的鱼雷是怀特·黑德于1866年发明的。

(二)突发性

直觉思维的突发性亦称快速性,主要表现为直觉思维的无意识和不自觉,它是一种瞬间对问题的理解和顿悟,主体意识不到它的思维过程。其过程非常短暂,速度非常快,通常是在一念之间完成的。

(三)跳跃性

直觉思维的跳跃性主要表现为直觉思维的非逻辑性,它没有逻辑思维那样循序渐进的思维环节,结论是从对问题思考的起点一下子就奔到解决问题的终点,似乎完全没有中间过程,跳跃式地将思维完成。

(四)理智性

在日常生活中,一些资深的医生,在第一眼接触某一重病患者时,他们会立即感觉到此人的病因、病源所在,而下一步就会围绕这些感觉展开。医生的这种感觉就是"直觉"。直觉是同医生的丰富经验、高深的医学理论和娴熟的技术分不开的。所以,直觉思维过程体现出来的绝不是草率、浮躁和鲁莽行为,而是一种理智性的思维过程。

(五)或然性

直觉思维常常从总体上观察认识事物后做出判断和猜测,容易忽略事物的细节。所以,直觉思维结论有时难免会有或然性,还要对它进行科学的论证和检验。纽约大学的心理学教授詹·布鲁勒指出:"直觉可以把你带入直观的殿堂,但如果你只停留在直觉上,也可使你陷入死角。"

三 直觉思维的培养

人的直觉思维能力是复杂的,高级的能力主要是靠后天培养出来的。

(一)坚持实践性反对先验论

人类社会发展中,实践认识、再实践、再认识,这是人类认识事物运动、发展的总规律。离开了人类生产、工作、学习的实践活动,便不会有人的直觉思维,"毫无疑问,培根关于知识和力量的理解是正确的,知识可以产生更大的力量"。直觉思维根源于人们对客观事物的正确认识。所以,提高直觉思维能力首先要做到的是反对直觉思维的神秘论,深入实践、深入学习、深入生活、积累经验、培养情感、磨炼意志、提高技能,这是丰富直觉思维的源泉和基础。

(二)坚持能动性与直观反映性的统一

能动性即表现为人特有的有意识、有目的、有计划,能预测、创造生活的能力。是人区别于其他动物的显著特征。人的正确的直觉思维能力正是这方面功能的体现。为此,培养自己的直觉思维能力,在尊重实践的基础上还要注意充分认识人的主观能动性。人类是社会的主体,人们能够认识世界,改造世界,并在改造客观世界的同时改造着人类自身,从而推动人类社会的不断进步。这是人类社会发展的真正动力。创造性地思维也是直觉思维的原动力。

(三)坚持逻辑和非逻辑思维的有机统一

逻辑是人们思维的规则。随着人类社会发展,人们对思维研究的深入,人们以充足理由为标准对逻辑思维和非逻辑思维进行了划分。而现实生活中就某一正确的或者说反映了事物发展规律的直觉思维,都是逻辑思维和非逻辑思维的统一。强调二者的统一,一要注意不要把二者混为一谈,二要注意不要把二者割裂开来,从而培养自己的直觉思维能力。

四 案例

吉林省吉松岭食品有限公司董事长徐兴库的粮食加工"六统一"。

在吉林省第十二届、第十三届农博会上,吉林省吉松岭食品有限公司种植、生产、销售的"炭泉""吉松岭"牌炭泉小米力压群芳,拔得头筹——夺得金奖。而提起"炭泉""吉松岭"牌炭泉小米,老百姓的心中就会想起一个名字——徐兴库。他从一个普通农民到带领百姓走种植有机小米之路的私企老总,以强者姿态搏击商海、勇立潮头,不断开拓前行,成为名副其实的创业先锋、长岭名流。

辛勤耕耘起航,白手起家创业。徐兴库出身在一个普通农民家庭,憨厚朴实、吃苦耐劳是这个地道农民的显著特征。他扎根在农村这片希望的沃土上,经过近 20 年的摸爬滚打,以坚韧不拔的毅力、敢为人先的魄力实现了自己的人生价值。

1993 年他在吉林省梅河口市第四坦克师服役。1995 年,他接手长岭县前进乡机砖厂并出任厂长。俗话说得好,"万事开头难"。建厂之初,他克服了资金短缺、经验不足、缺乏技术等困难,在竞争激烈的机砖业中闯下一片天,由于质量好、讲信誉,机砖一时供不应求,生产很快实现了全线机械化,年产值近千万元,利税百万元,徐兴库实现了人生第一次华丽转身。个人富裕不是他的目的,带动家乡富裕才是他的宗旨。1998 年他自己投资近百万元为自己的家乡长岭县保卫村修建一条长 5 公里的水泥路,为家乡百姓解决了"出门难、卖粮难"等实际性问题,深得百姓认可。

机砖厂的工作经历为他日后转向食品业积累了丰富经验。随着事业的蒸蒸日上,徐兴库对自身的要求也越来越高了。为了提高自身的综合素质,更好地带领村民早日实现全面小康,他不满足现状,努力增加知识储备,在 2000 年他报了东北师大函授班进修,2010 年 12 月毕业于松原市职业技术学校(大专学历),2011 年 1 月,他又参加了清华大学国学经典研修班,并被评为"优秀学员"。

2011 年村委换届,他以高票当选了前进乡保卫村党支部书记。2012 年 11 月,他又参加了松原市职业技术学院的村干部创业培训班,荣获了"优秀村干部"的称号。新的任务和形势,给他带来了新的机遇和挑战。经过反复揣摩和充分调查,他立足本地自然条件,创建了吉松岭种植农民专业合作社,带动当地农民群众种植无农药、无化肥及人工除草的绿色有机农产品,短短的两年时间,使入社农民人均年增收达 1 万元。"舍得一身勤和慧,敢叫黄土变成金"。由于市场需求不断扩大,合作社这种经营方式很快不能适应市场发展的需要。2012 年 3 月,徐兴库在长岭县环城工业集中区开始动工修建;兴建了农产品加工车间、无菌包装车间;引进了两条先进生产线,年生产加工谷子、高粱两万吨以上,机器设备投资 1 035 万元,占地面积约 1.6 万 m²,厂区建设投资 2 100 万元。2012 年 11 月经吉林省质量技术监督局验收合格后发证,并在长岭县工商行政管理局登记注册为"吉林省吉松岭食品有限公司"。

采用"种植、生产、销售"一条龙的新农业发展模式,利用"订单托管"等模式,让种植合作社与农民合作。统一流转土地、统一采购物资、统一机械化耕种、统一生产、统一品牌、统一销售,实现了"一托管,六统一"的现代化经营生产模式,免费为农民提供种子、有机肥、农业技术、种植、收割等服务,使农民增产增收。

注重农产品质量和基地土质利用开发:种植基地地下土质蕴含着草炭土,草炭土富含有机质和腐殖酸,给各种作物提供了丰富的矿物质营养,对农作物具有施肥、保湿、疏松土壤的多重功效,使种植出的作物品质优良,口味独具特色。生产工序流程是产业发展重点,他狠抓细节,严格把关,所有农产品全部施用农家有机肥,不施加任何化肥农药。农作物收割经过脱壳、筛选、真空包装等多个程序,不但易于存放,而且口味极佳,深得广大消费者认可。

第五节　想象思维

一　想象思维的含义

想象思维是人脑通过形象化的概括作用对脑内已有的记忆表象进行加工、改造或重组的思维活动。想象思维可以说是形象思维的具体化,是人脑借助表象进行加工操作的最主要形式,所以历来倍受创造学家的重视。与想象思维相联系,"想象力是指对头脑中的表象加工、改造、重新组合成新形象的能力"。

想象思维能力在学习和科学技术的发明创造、文艺创作中具有非常重要的作用。想象力是否丰富,也就是想象思维的能力是强还是弱,也成为判断一个人创新能力的重要依据。

二　想象思维的特征①

（一）想象性

想象思维的操作活动的基本单元是表象，因为想象思维是借助表象来进行的，所以其思维过程和结果都是形象化的。例如，看小说时，我们可以想象出人物的音容笑貌；看图纸时，我们可以想象出立体的物体；创造能力强的人，只要提出主要的技术要求，就可能马上想象出设计的产品的大致外形和内部结构。由于想象思维的形象性，其思维的结果会丰富多彩、生动活泼、富有魅力。

（二）概括性

想象思维实质上是一种思维的并行操作，即一方面反映已有的记忆表象，同时把已有的表象变换、组合成新的图像，达到对外部时间的整体把握，所以概括性很强。例如，把地球想象成鸡蛋，蛋壳就是地壳，蛋白就是地幔，蛋黄就是地核。又有的科学家把原子结构想象为太阳系，太阳是原子核，核外电子就像行星，围绕着原子核转动。这些想象都是非常有概括性的。

（三）超越性

想象的最宝贵特性是可以超越已有的记忆表象的范围而产生许多新的表象，这正是人脑的创造活动最重要的表现。这方面的例子是很多的，特别是一些重大的发明创造，都离不开超越性的想象。

三　想象思维的培养方法

（一）强化创新意识

人生的目的和态度决定了人的思维积极性和活跃性。归根到底是一个人的世界观、人生观、价值观的基础。只有献身科学，献身正义事业，愿为人类的幸福奉献自己的力量和智慧的人，才能够真正成为创新者，他的想象能力才能达到人类思维能力的高峰。

（二）学习

学习，包括从书本上学习，也包括从实践中学习，还包括向一切有知识、有经验的人学习。从书本上学习，就要深刻理解关于书的内涵。"书是人类进步的阶梯，书是船只，书是良药，书是营养品"，从书本中获取知识，可以"启迪智慧，增长才干，可以陶冶性情，完善自我，只有读书，才有可能为人类的进步做出贡献"。从实践中学，主要是深入社会生活之中，使理

---

① 蓝少鸥.创新思维开发研究[M].上海：上海交通大学出版社，2015.

论知识和实践生活进行有机地结合,从而丰富自己的想象力。向他人学习的方法可以表现为听课,听报告,也可以表现为和别人的谈话。甚至海阔天空地随意地和朋友聊天,也是培养想象思维的好方法。

(三)静思

诸葛亮说"淡泊以明志,宁静以致远"。前一句说的是要修身养性,对个人名利看得很淡,而以匡扶社稷为大任,因为他自比为管仲乐毅一类的人物。后一句说的就是,要静思,才能达到高远的境界。我们今天也可以说,要静思,才能想得很远,想得远,不就是想象吗?看许多文学家、科学家,他们都经常处于一种孤独、寂寞状态中,但他们又认为这也是一种幸福。如果整天在闹市一样的环境中生活、应酬,无疑是不利于培养人的想象思维能力的。只有静下来,沉下心来,不受外界的干扰,慢慢地让思绪畅游到很远,才能使想象力得以培养和发挥,但这种想象固然与一个人的知识、经验是分不开的。

四　案例

种养结合发展循环有机农业。借之前徐兴库的例子:百姓对徐兴库的信任就是他的原动力,为了更好地发展吉松岭绿色有机食品,真正实现有机食品与有机肥业共同发展的目的,更解决长岭县大面积荒废盐碱地改良问题,他们开始种植有机杂粮等谷物作物,带动地方农业经济增收。徐兴库又进一步完善产业链,成立了农民专业合作社,投资1 000万元建设了15栋现代化鸡舍,年可养殖蛋鸡15万只,同时产鸡粪5万t左右,在发展了绿色养殖业的同时又为有机肥料的生产提供了原材料,实现了节源创收、"养殖—粪便—有机肥"的循环生态农业产业链,实现资源的合理配置和综合循环利用。他们以多种种植、种养结合、循环农业、循环再生等高效种植技术为先导,构建完整、纯粹的有机农业产业链,包括有机农业生产资料的研发、生产、有机种植业、养殖业、优良有机种苗的繁育及有机农产品深加工。吉松岭充分发挥自身的资本优势、技术优势、管理优势、品牌优势和营销优势,与中科院等相关单位进行技术合作,大力开发有机生态农产品市场,积极发挥带动农村发展的作用,惠及当地农民,带动了农业增效和农民增收,拉长农业化链条,完成了"经济效益、社会效益和生态效益"的三重实现。

公司拥有自己的种植基地18 000亩农田,其中有机种植9 750亩,有机转换期农田3 300亩。实现"种植、生产、销售"一条龙的新农业发展模式,利用"订单托管"等模式,让种植合作社与农民合作。统一流转土地、统一采购物资、统一机械化耕种、统一生产、统一品牌、统一销售,实现了"一托管,六统一"的现代化经营生产模式,免费为农民提供种子、有机肥、农业技术、种植等服务,使农民增产增收,深受广大社员好评。

目前吉松岭食品有限公司总投资3 630多万元,拥有国内先进的全自动生产线及严格的消毒包装车间，生产线每年可加工谷子、高粱、黄米能力在 20 000 万 t 以上。公司还通过了国家 ISO 9001 标准质量管理体系认证、ISO 14001 标准环境管理体系认证及国家有机认证。得天独厚的草炭土资源、四季不竭的天然泉水、无菌的加工设备打造出了该公司"吉松岭""炭泉"两大有机农产品品牌，公司生产的"炭泉小米""炭泉葵花籽"已经申请"国家地理标志产品"。公司旗下的长岭县吉松岭种植农民专业合作社被评为"国家级示范农民专业合作社"，目前正在申请"国家有机食品生产基地"。

公司自成立以来陆续被评为消费者信得过单位，农业产业化省级、市级、县级重点龙头企业，吉林省 3A 级诚信企业。公司的有机农产品陆续获得"金奖农产品""畅销产品奖""农交会金奖"等荣誉。带动当地农民人均年增收 1 万余元，切实推动了当地农业经济的发展，实现了造福于民。

重质量求发展，打造米业金牌。质量是生命，信誉是效益，对于农产品企业来讲也是如此。为抓质量，创品牌，生产中，他深入群众，亲临一线；服务上，他讲究信誉，公私分明。他尤其重视基地土质利用开发，通过几年发展，已扩展种植基地万亩。种植基地地下土质蕴含着草炭土，草炭土富含大量有机质和腐殖酸，给各种作物提供了丰富的矿物质营养，对各种农作物具有施肥、保湿、疏松土壤的多重功效，使种植出的作物品质优良，口味独具特色。生产工序流程是产业发展的重点。他狠抓细节，严格把关，所有农作物全部施用农家有机肥，不施加任何化肥农药。农作物收割后经过脱壳、筛选、真空包装等多个程序，不但易于存放，而且口感极佳，深得广大消费者认可。到目前，公司固定资产总值已达 3 000 多万元，全国连锁超市已有几十家。2012 年公司被评为"消费者信得过单位"。2013 年、2014 年公司分别被评为农业产业化"省级重点龙头企业""市级重点龙头企业""县级重点龙头企业"。公司还获得了有机食品展销博览会连续 3 年免费参展的资格。

种养结合，发展循环有机农业。为了更好地发展绿色企业，满足公司绿色有机食品基地的需求和市场需求，他于 2013 年 12 月又投资了 3 271 万元，成立了吉林省松岭有机肥业科技有限公司，生产基地所需系列松岭丰牌、碱地丰牌有机肥。肥厂占地面积 2 万 m^2，建筑面积 14 250 m^2，拥有一条目前国内先进的有机肥生产线，有机肥年产量达 10 万 t。由县政府牵头，该公司与中国科学院东北地理农业生态研究所于 2014 年 2 月签订治理盐碱土有机肥科研课题，并开展了《完善改良熟化风沙土、盐渍土有机无机掺混肥配方及工艺流程的标准》《完善玉米、谷子、高粱、杂粮、杂豆等有机食品专用肥料配方标准》申请发明专利项目及《苏打盐渍化农田旱作有机—无机复混专用肥研发与应用》项目，该项目同行业属于新技术科研开发项目。项目固定人员包括农业生态学、管理学、土壤化学、植物学等 10 人，参与课题研发的研究生 2 人，共计 12 人组成科技攻关团队，由中科院陈国双教授、鲁欣蕊博士负责技术指导。为更好地发展吉松岭绿色有机食品基地奠定了良好的基础，真正实现了有机食品与有机肥业共同发展的目的，更解决了长岭县大面积荒废盐碱地改良问题，开始种植有机杂粮等谷物作物,带动地方农业经济增收。

经过坚持不懈的努力与学习,徐兴库眼界更宽了。为了打造吉松岭集团式企业,在种植合作社、食品有限公司、有机肥公司的基础上进一步完善企业链,2014 年 6 月他又成立了吉林省松岭养殖农民专业合作社,占地面积 2 万 m^2,投资 1 000 万元建设了 15 栋现代化鸡舍,年可养殖蛋鸡 15 万只,同时产鸡粪 5 万 t 左右。在发展了绿色养殖业的同时又为有机肥料的生产提供了原材料,实现了节源创收、"养殖—粪便—有机肥"的循环生态农业产业链,实现资源的合理配置和综合循环利用。

第六节　灵感思维

一　灵感思维的含义[①]

当我们遇到问题难以解决的时候,用什么办法都不奏效。"想不出办法""不得不放弃""不管了"。可是过了一段时间,突然之间又想到了解决问题的答案。这就是人们常说的灵感。

"灵感是一种把隐藏在潜意识中的过去曾学习、体验、意识到的事物信息,在强烈地需要解决某个问题时,以适当的形式突然表现出来的顿悟现象"。所谓灵感,即长期思考的问题,受到某些事物的启发,忽然得到解决的心理过程。灵感是人脑的机能,是人对客观现实的反映。

灵感的出现并没有像通常那样运用逻辑原理,一点一滴地由未知达到已知,而是一点到位,一眼看穿事物的本质。在人类历史上,许多重大的科学发现和杰出的文艺创作,往往是灵感这种智慧之花闪现的结果。但这决不能说灵感神秘莫测,也绝不是心血来潮、一时冲动,而是人们在思维过程中带有突发性的思维形式的长期积累、艰苦探索的一种必然性和偶然性的统一。

二　灵感思维的特征

(一)突发性

突发性表现为,记忆中忘却的东西突然回忆起来,思维过程中遇到的最大阻碍豁然贯通并被克服,有些极度难解决的问题突然得到解决。灵感什么时候出现,怎么出现,用什么事情刺激而产生,都是难以预先知道的。

---

① 刘奎林.灵感思维学[M].长春:吉林人民出版社,2010.

（二）兴奋性

灵感的兴奋性是指人脑在灵感闪现后常处于兴奋之中。它使人脑处于激发状态，伴随而来的是情绪的高涨使人进入如醉如痴的忘我状况。

（三）跳跃性

灵感的跳跃性表现为它是一种直觉的非逻辑的思维过程。在出其不意的刹那间，触景生情，冥思苦想的问题突然得到解决。原因是创造者在创造活动中对问题的长期的探索使创造者的智力活动达到自然化状态。在这种状态下，或因外界的某一刺激而受到启发，或由于景象中自己想象，触类旁通，使创造者的记忆中储存的材料重新组合。

（四）创造性

通过灵感获得的成果，常常是新颖的创造性知识，闪现的知识往往是模糊、粗糙、零碎的，还要用通常的思维活动加以整理。所以，灵感的创造性与抽象的思维、形象思维及其他种种因素一起才能发挥更好的作用。

三　灵感思维的培养方法

（一）勤思考

灵感是人脑进行创造活动的产物，所以勤思考是基本条件。牛顿曾说："如果说我对世界有些微贡献的话，那不是由于别的，而是我的辛苦耐久的思考所致。"这话可以说明两点：一是思考并不是一件容易的事情，而是辛苦耐久的；二是只有辛苦耐久的思考，才能让人创造出非凡价值。所以真正的思考，应当需要专注，需要执着，需要持之以恒，甚至要耐得住寂寞、抗得住诱惑。

人与人之间之所以存在能力强弱、贡献大小等差别，主要就在于善不善于动脑筋思考。故而不难理解，同样是苹果从树上掉下来，别人看不出什么，而牛顿看了之后就发现了万有引力定律；同样是炉子上的壶，水开了，别人没发现什么，而瓦特见了之后就发明了蒸汽机。

当今是新知识层出不穷的时代，与其说不注重学习将被时代淘汰，不如说不善于思考将被时代淘汰。我们每一天都会遇到一些新问题，接触一些新事物，古人就提倡"吾日三省吾身"，我们则更有必要专门抽出时间对一天之所学、所闻、所作、所为进行一番思考。这样常学习、常思考、常总结，我们就会常有收获、常有进步。

（二）兴趣和知识的准备

广泛的兴趣、丰富的知识经验有利于借鉴，容易让人得到启示，是捕获灵感的另一个基本条件。有人研究过，如果一个人对本职工作有兴趣，工作的积极性就高，就能发挥出他全部才能的 $80\%\sim90\%$；如果一个人对工作没有兴趣，工作积极性就低，只能发挥他全部才能的 20%～30%。古今中外的著名学者能够取得成绩和对人类做出重大贡献,就是因为在青年时期对学习和他们所从事的事业有强烈的爱好,这种兴趣和爱好形成一股强有力的力量,推动着他们在自己的研究领域里辛勤耕耘,吸取知识,并取得辉煌的成绩。达尔文在《达尔文自传》中曾说:"就我记得的我在学校时期的性格来说,其中对我后来发生影响的,就是我有强烈的多样的趣味,这种趣味使我沉溺于自己感兴趣的事物,深入了解任何复杂的问题和事物。"达尔文青年时代的兴趣对他创立的生物进化论起了重要的作用。

兴趣爱好可以开阔人的眼界,使之胸襟豁达,朝气蓬勃,个性得到充分发展,精神境界高尚。当一个人对生活有兴趣的时候,就会觉得生活丰富多彩,心情愉快。

(三)智力的准备

智力并非单纯的智商,它可被看作是个体的各种认知能力的综合,特别强调解决新问题的能力、抽象思维、学习能力及对环境的适应能力。在智力准备方面,主要包括平时要多注意培养自身的观察力,勤于锻炼联想的能力,拓展全面的想象能力。

(四)乐观镇静的情绪

时时保持愉快的情绪能够有效增强大脑的感受能力,从而增加感知的敏锐度,有效发挥自身联想和想象的能力。乐观的人,因为具有积极的人生态度,面临挫折时也敢于挑战,勇于解决,不易退缩;具有自信心及自制力,情绪稳定、不容易焦虑。拥有这些优良特质的人,在未来的道路上,将能拥有各种能量,拥抱美好的人生。

(五)注意摆脱习惯性思维的束缚

习惯成自然,这话一点儿也不假。我们每天都在有意无意地做这做那,久而久之便养成了一种习惯,潜移默化地就形成了习惯性思维、习惯性行为。人云亦云与独立思维相去甚远,刚愎自用显然也不对路,培养独特的视角和操作理念绝非易事,因此切忌片面理解,倒行逆施、螳臂当车的结局有时比随波逐流更具悲剧色彩。反思习惯性思维,就是提倡多角度、更深入地思考问题,防止被习惯性的认识所蒙蔽。丹尼尔·高曼说:"要想在事业上有所成就,将以有无创造性思维的力量来论成败。"

(六)珍惜最佳时机

一个人能否成功,固然要靠天分,要靠努力,但善于创造时机,及时把握时机,不因循、不观望、不退缩、不犹豫,想到就做,有尝试的勇气,有实践的决心,多种因素加起来才可以造就一个人的成功。所以,尽管说有人的成功在于一个很偶然的机会,但认真想来,这偶然机会能被发现,被抓住,而且被充分利用,绝不是偶然的。机会是在纷纭世事之中的许多复杂因子,它是在运行之间偶然凑成的一个有利于你发挥的空隙。这个空隙稍纵即逝,所以,珍惜和把握时机确实需要眼明手快地去"捕捉",而不能坐在那里等待或因循拖延。

四　案例

吉松岭食品有限公司以多种种植、种养结合、循环农业、循环再生等高效种植技术为先导,构建完整、纯粹的有机农业产业链,包括有机农业生产资料的研发、生产,有机种植业、养殖业、优良有机种苗的繁育及有机农产品深加工。公司充分发挥自身的资本优势、技术优势、管理优势、品牌优势和营销优势,与中科院等相关单位进行技术合作,大力开发有机生态农产品市场,积极发挥带动农村发展的作用,惠及当地农民。带动了农业增效和农民增收,拉长农业化链条,完成了"经济效益、社会效益和生态效益"的三重实现。

2015年3月徐兴库亲自下田间调研,通过一系列的考察发现了自己种植业的"漏洞"——"农业机械化"项目。于是2015年3月,他注资500万元成立了吉林省吉松岭农业机械化种植农民专业合作社,同时又购进了大量现代化大型农机具,旋耕机、大型谷物收割机、德国进口全自动化打捆机等,年可经营种植土地15 000亩,使企业的种、产、收全部实现了现代化。目前企业的合作社统一流转土地、统一采购物资、统一机械化耕种、统一生产、统一品牌、统一销售,实现了"一托管,六统一"的现代化经营生产模式,深受广大社员好评,吉松岭集团式企业链条正在逐步得到完善,实现拉动地方经济增长,实现富企裕民。

目前企业旗下的种植合作社、有机肥公司、养殖合作社等即将合并为吉松岭集团,企业链条正在逐步得到完善,真正实现拉动地方农业、畜牧业经济增长、实现富企裕民。

秉持诚信为本,服务于民,面对新的发展要求,他正以自己辛勤耕耘之笔,在家乡这块沃土上,缱绻出辉煌灿烂的创业者之歌。

第七节　联想思维

一　联想思维的含义

联想思维是指人脑把不同事物联系在一起的心理活动,它是创造性思维的基础。当人脑受到某件事物的刺激,就可能由这个刺激引起大脑中已贮存的其他事物的印象,这种心理活动就是联想。通俗地说,联想就是由一事物想到另一事物的心理过程。比如,看见红的,会想到血;看到牛,会想到犁;看到黑,会想到白。这些都是简单联想的例子。联想思维是指由所感知或所思的事物、概念或现象的刺激而想到其他与之相关的事物、概念或现象的思维方式。

二　联想思维的特征

联想是一种复杂的人类心理活动,在创造性思维活动中占有重要的地位,它与我们的日常生活和生产实践活动密切相关,是发明创造过程中必不可少的一种思维方式。联想思维是创新思维中具有基础性的要素,具有三个特征。

(一)形象性

联想思维基本的操作单元是表象,但不是某个具体的形象,而是带有事物一般特征的形象,即具有一定的概括性。其所概括出来的表象因为具有一般特征,所以也体现出不同形象之间具有一定的相似性。人们通过创造性的联想思维,借助这种相似性进行越界思考,进而产生新的创造性发明。

(二)目的性

联想思维是从一定的思考对象出发,有目的、有方向地想到其他事物,以扩大或加强对思考对象某方面本质和规律的认识或解决某一问题。因此,作为获得创造性成果的一种途径,联想思维要具有一定的目的性和方向性。

(三)实践性

人们知识的获得、经验的积累、对事物理解的生成都是联想的过程。但是联想不是天生的,而是在后天的实践中锻炼和培养起来的。联想作为一种探索未知的创造性思维活动,是关于事物之间存在普遍联系的具体体现和运用。

三　联想思维的培养方法[①]

(一)拥有丰富的知识

联想思维能力不是天生的,它需要以知识和生活经验、工作经验为基础。比如,在相似联想中,人们一般是因为两个事物外形、性质、意义上的相似而引起联想。如果一个人对事物不熟悉,那么必然不会看到两个事物间的相似性。一个人拥有丰富的知识和经验,他的联想能力就自然会得到提高。

(二)用联系的眼光看问题

我们知道,事物是相互联系的,如果我们用联系的眼光来看待问题,就可以找出事物间的相关性,从而有利于联想思维的培养。

(三)打破一切思维束缚

联想思维一般是寻找事物之间的关联点,这就要求人们不能循规蹈矩,按照常规思维进

---

① 舒天戈,孙乃龙.领导思维创新:训练与掌握科学的思维方法[M].成都:四川大学出版社,2016.

行思考,而应该打破思维束缚,想到各种可能性,充分发挥自己的思维能力,找到事物之间的关联点。

(四)多参加实践活动

人们知识的获得、经验的积累、对事物理解的生成都有联想的参与。但联想不是天生的,作为一种创造能力,它是人们在后天的实践中锻炼和培养起来的。人的联想能力越强,其创新思维就越活跃,就容易创造出成果;而人的创造性能力越强,其联想也就越丰富。所以人们要想提高联想力,必须要广泛地参加实践活动。

(五)学会观察,见微知著

要培养联想思维,最重要的不是想着如何与众不同,而是应该从身边的小事做起,从最细微之处培养自己打破常规的能力。

四 案例

王忠华是华阳生态农业发展有限公司的总经理。小时候在水乡长大的他,非常喜欢吃黄鳝。他发现由于黄鳝要冬眠,冬季产量非常有限,在这个时候要吃到黄鳝就要花费比夏季价格贵几倍的价钱。

有一天,王忠华突发奇想:"能不能自己养殖黄鳝?若能实现反季节上市,肯定会走上致富路……"然而,当他咨询行业内相关人士后却被告知,反季养殖黄鳝存活率低,产量低,难度大,不建议养殖。但是王忠华不信邪,他敢于质疑专业人士的观点,决定尝试反季养殖黄鳝。

他说干就干,1995 年辞去了张家港市化肥厂的工作,在自家房前屋后挖了几个水泥池子进行养殖试验。但周围的人对此有些不解。

最初几年,老王的反季节黄鳝养殖试验屡屡受挫。放进水池的黄鳝苗,没过几天就接二连三地死掉了。然而他并没放弃尝试,四处拜师学艺,了解水温水质,模拟黄鳝的自然生长环境,逐一攻克黄鳝反季节养殖难题。仅仅用来做试验的黄鳝苗就用了 5 000 多公斤,各种费用加起来耗费了将近 60 万元。在最艰难的时刻,他只好卖掉城里的房子继续探索。

功夫不负有心人,最终王忠华找到了黄鳝死亡的原因:自然界中的黄鳝都生长在隐蔽处,但人工养殖池里没有覆盖物,白天太阳直射造成水温过高,到了夜间水的温度降下来,这样一冷一热就让黄鳝有了应激反应。此外,水泥池里的黄鳝苗密度太高造成了排泄物过量,导致水质恶化。经过一轮又一轮的试验,养殖规模也一次次调整,王忠华和家人苦苦探索的黄鳝立体养殖技术终于取得成功。一亩地,黄鳝产量可达 5 000 斤,纯收入能达到五六万元,收益是别人的好几倍。

第八节　质疑思维

一　质疑思维的含义

唐殿强教授综合了一些专家的观点,认为:"质疑思维是指创新主题在原有事物的条件下,通过'为什么'(可否或假设)的提问,综合运用多种思维改变原有条件而产生的新事物(新观念新方案)的思维。"

实践证明,能发现问题与提出问题就等于取得了成功的一半。巧妙的质疑、设问可以启发想象、开阔思路、引导创新,尤其是在科研上、发明创造上有着特别重要的作用。

二　质疑思维的特征

质疑思维有如下特征:

(1)疑问性是质疑思维最核心的特征。它充分体现在问"为什么"上。这是探索问题的切入点、入口处,表达了一种开发、开掘出的欲望,它是发现问题、提出问题的钥匙。

(2)探索性是质疑思维表现最明显、最活跃的特征。它充分体现在思考、解决问题的过程中,穷追不舍、不达目的决不罢休的探索精神,直到无疑可质,得到正确答案为止。

(3)求实性是质疑思维可贵的特征。质疑思维的结果目的完全在于它的求实性,亦包括它的求真性、完整性、价值性和规律性。

三　质疑思维的培养方法[①]

(一)学贵有疑,要敢于怀疑

古人云:"学贵多疑,小疑则小进,大疑则大进。"我们必须学会不断地审视自己,发现自身的不足,才能进一步完善自己,使自己变得强大。

提出问题是解决问题的前提,当我们能够提出自己的疑问,就说明我们对事情有了独立的思考。在提出问题后,我们才有可能围绕问题进行思考,才能有新的想法来解决问题。总之,质疑的态度从最广泛的意义上说是促进创新思维所必需的。如果你盲目地接受现状,你就不会有创新的动因,你就不会看到需求和问题之所在。所以对问题的敏感性是一个人富于创造力的重要特征之一。一旦发现了问题,就必须不断地采取质疑的态度,一定要找到全

---

① 舒天戈,孙乃龙.领导思维创新:训练与掌握科学的思维方法[M].成都:四川大学出版社,2016.

新的解决方法。而且,必须要清楚的是,"疑"是建立在丰富的知识和认真思考的基础之上的,绝不是无端的猜疑或随便的怀疑。

(二)倡导怀疑精神,培养问题意识

怀疑精神是科学精神的重要因素,是创新思维的前提。怀疑精神所能带来的是在接受一种事物或认识时的不确定和再思考。这是对盲从的一种主体性觉醒。一种事物或认识只有被怀疑,才会被关注、被思考。一些怀疑通过思考走向肯定和认同,一些怀疑则因思考而深化,并通过批判而达到创新。

创新的前提就是能对现状,对某一理论,提出自己的问题。如果没有一点问题,事情如何发展,如何完善? 因此,怀疑是创新的最基本前提,怀疑才能提出问题,在提出问题的基础上,才能解决问题,才能够产生新观念。进行批判性质疑就是不依赖已有的方法和答案,不轻易认同别人的观点,通过自己独立思考、判断,敢于提出自己独特的见解,敢于摆脱权威定势,打破传统的束缚和影响,产生一种新颖、独到的前所未有的看法来认识事物。

(三)学会提问,培养质疑思维

提出一个问题远比解决一个问题更重要。对于领导者来说,只有提出问题,才能寻找到解决问题的方法。

学会提问,培养质疑思维不仅对科学家极其重要,而且对于领导者也十分重要。别人发现不了的问题,领导者必须能够发现;别人解决不了的难题,领导者必须能够解决;别人迷茫时,领导者却能看到前进的方向。唯如此,领导者才能称得上是当之无愧的领头雁。

(四)培养问题意识,提升质疑能力

质疑思维来自问题意识。问题意识是思维的动力、创新精神的基石,培养创新精神,应始于问题意识的培养。而问题意识来自细致的观察和深入的思考。因此,培养问题意识的根本途径就在于观察力和思考力的培养。历史上有成就的科学家一般都有很强的观察问题的能力和对问题的思考力。

(五)大胆怀疑,冲破权威思维的束缚

所谓"权威效应",就是指说话的人如果地位高,有威信,受人敬重,则其所说的话容易引起别人重视,并被相信其正确性,即"人微言轻、人贵言重"。有人的地方就有权威,权威是任何时代、任何社会都会存在的现象,人们对权威也总是普遍地怀有尊崇之意,这也是可以理解的,然而这种尊崇常常会走向"神化"或"迷信"的境地。

每一种事物都有两面性。从思维领域来看,权威思维有益处也有害处。权威思维在日常思维中具有积极意义,它为我们节省了无数的时间和精力。但是,权威并不总是正确的。从创新思维的角度来说,权威定势更是要不得的。在面临新情况,需要推陈出新的时候,人们往往很难突破旧权威的束缚,总是有意无意地沿着权威的思路朝前走,被权威牵着鼻子,

就无法完成创新,权威思维变成了人们的思维枷锁。

四　案例

饲养鸭子是农家的传统养殖项目。由于饲养方便,投资不多,生长迅速,市场需求旺,效益好,回收快,饲养鸭子是当前备受农家欢迎的致富项目[①]。

长期以来,农村饲养鸭子大都习惯于采取散养、围养、圈养、牧养,给乡村、家庭的卫生环境造成污染,在"绿化、美化、亮化"等新农村建设整治活动中,农家的家鸭散养成了整治"对象",因此,传统饲养鸭子存在的问题也就越来越多地显现出来。因此,如何在保护环境的同时做好鸭子养殖成了一个难题。

最近,有些地方的饲养户联想到肉鸡、蛋鸡等都可以笼养,而笼养可以很大程度上避免污染水源,那么饲养鸭子是否能都改散养、放养为笼养?于是,专家通过摸索取得经验,成功地创造了一种"赶鸭子上架"的"架子饲养法",颇受养殖户与村民的欢迎。"架子饲养法"就是选择空旷的场地,采用搭建离地鸭棚架,让鸭子变地面、水面养殖为空中饲养,这种"赶鸭子上架",腾空饲养鸭子的办法,一举多得。

(1)方便管理。农村养鸭子的放养模式是鸭子满世界跑,糟蹋庄稼,污染环境,"嘎嘎"的鸭叫声环绕在门前屋外,让人不得安宁。同时,投喂饲料点多面广,不利于管理。鸭子集中"上架"饲养,只需看管一个出入口,训练其按时进出,在指定的食槽里按量投喂饲料,在专用的水槽或水盆中加兑清水,给鸭群补充水分。由于鸭笼是腾空的架子式结构,冲洗鸭笼、打扫清洁鸭舍的操作非常方便;天气炎热的季节,需要给鸭子冲凉时,作业也极其便利。

(2)减少疾病。饲养鸭子,防病治病尤为重要。采用"架子饲养法"有利于通过清洁、通风透气措施去除不少致病因素。再从鸭子疾病预防操作角度看,鸭群整体消毒与防疫接种时,可以对整体进行笼内消毒或接种防疫,这样接种率高,防疫效果好,见效快。

(3)节省成本。由于采用"架子饲养法",鸭子聚集在一起,容易刺激其食欲,形成鸭群"争食"的激烈竞争氛围,鸭群争抢吞食机会相对增多,投喂的饲料浪费少,减少了饲料投喂的实际成本。

(4)促进生长。采光好,透气性好,疾病少,就能够促进鸭子健康快速地成长。根据大量采用"架子饲养法"的鸭棚生产经验,鸭苗"上架"后,只需要 $40\sim42$ 天就可以出售成鸭,比常规养殖鸭子的方法提前一周左右,大大缩短了鸭棚的周转天数,加快了养殖户投入资金的流转速度[②]。

---

① 涂俊明."赶鸭子上架"一举多得[J].农村养殖技术,2009(10):12.
② 涂俊明."赶鸭子上架"一举多得[J].农村养殖技术,2009(10):12.

第四章/Chapter

动物生产中智慧业态的创新思维实训

本章主要通过学习智慧科技在动物生产中的创新应用,掌握动物生产与"互联网""物联网""数字云"等智慧科技的结合方法,实训创新思维的能力。

第一节　现代水产养殖中的"互联网＋"思维

一　案例简介

　　黄沙港镇是一座渔港集镇,位于江苏省盐城市射阳县东部沿海。它自然资源丰富,区位优势独特,蕴含着巨大的商机。黄沙港镇沿海滩涂自然资源丰富,境内海岸线长82公里,有100万亩的滩涂,海淡水养殖30万亩。同时黄沙港镇合作社拥有3万亩水面养殖基地,养殖四大家鱼,主要养殖品种为草鱼,年产量超过3万t。

　　自2016年以来,射阳县黄沙港镇坚持以特色产业为引领,园区建设为载体,功能提升为支撑,推动镇村经济加快发展。省级渔业精品园定海农场建成6 000亩高标准鱼池,水产品销售收入8 000多万元,常年用工110人。在定海农场带动下,东方村、东海村相继建成高效渔业示范养殖基地。100多户渔民弃船上岸,户均年收入超20万元。

　　科技养殖增收益提效率。韩启华是合作社的社员之一,对于他来说,每天根据天气、溶氧情况开关增氧机,是既重要又劳心费力的一件事。每巡一次塘,开关一个增氧机,即使骑上摩托车,也要半个小时,虽不是什么费脑子的事情,却非常累人。8月初,抱着试一试的想法,韩启华在一口50亩的鱼塘里安装了3台塘管家,控制着12台增氧机。塘管家安装后,他只需要打开手机里的塘管家小程序,根据塘管家的溶解氧实时监控,决定打开或者关掉增氧机的开关。原本费时费事的一件事,动动手指,立马搞定。然而他却不知道,这样一台减轻了他大量工作量的设备,开发团队带头人却是一位跨界新人,从接触水产行业到开发出这台设备,中间仅仅经历了一年多的时间。

　　李树欣是福建人,毕业于中国科学技术大学,先后任职于英特尔、ARM、腾讯、小米等知名半导体和互联网企业,先后创立腾讯智能设备创新中心、小米生态链企业摩象科技、AR企业徕尼科技,发布国内首款大视场角MR眼镜。作为智能和互联网领域的资深专家,他坦言,从未想过自己的事业会与水产领域产生这么密切的联系。一个偶然的机会,他与互联网渔需销售平台创始人李悦悦到广东云浮的一个养殖基地调研,他看到养殖户远离繁华都市,每天住在塘边,吃在塘边,条件简陋,还饱受蚊虫叮咬。李树欣不由地感慨,这些人真的愿意这样生活吗?于是他萌生了通过科技来帮助这些养殖户的想法,希望可以凭借自己在互联网领域的工作经验,改善养殖户的工作条件。2018年8月,李树欣注册了上海览宋科技有限公司,确定了以物联网和大数据服务水产行业为战略方向。水产行业现在迫切需要有跨界的人才,需要运用互联网的思维,来推动水产养殖产业转型升级,进一步向前发展[1]。

二　案例解析

(1)为何"互联网+"在渔业中发展如此缓慢,智能化产品难以推销?

现在市面上同类产品也不是没有,研发的技术方向也没有问题,但质量问题却普遍存在、外观上也没有特色。主要原因大致有三:一是水产行业没有真正与机械业、制造业技术对接,农民用不到好产品;二是开发者从用户角度思考不够,产品复杂,用户体验不好;三是整个销售渠道不闭环、信息分散,服务没跟上,不易落地。

(2)"互联网+"落实到渔业有何益处?

近年来,水产养殖户的痛点主要在:养殖成本连年攀升、产品常年价格不高、买不到价格与品质兼顾的渔需物资等。还有最重要的一点是,现在养殖市场的养殖户趋于老龄化,绝大多数都是老一辈子的人靠着经验和教训,靠天吃饭,在鱼塘边上卖力气活,赚辛苦钱。因为过于辛劳,年轻人往往不愿入行。

从减轻养殖者劳动量这一问题入手,是一个不错的切入点。开关增氧机是水产养殖生产过程中最为简单的活动。看似简单,实际上耗费了养殖者大量的时间精力。养殖户要时刻根据天气变化,关注水体中溶氧情况,做出开关增氧机的决定。上千亩的养殖水面,开关增氧机就是一项巨大的劳动量。在深夜、下雨天气,由于睡意蒙眬、塘边路滑、漏电等原因,发生安全事故的情况不在少数。

将互联网与水产养殖紧密结合,开发了塘管家增氧机开关控制系统。养殖户安装塘管家之后,可根据水体溶解氧含量,通过手机一键开关增氧机。还可设置定时,夜间不必反复起夜巡塘。在需要进料、购买其他物资时也不必因为不能及时赶回开启增氧机而担心。当突发停电或者增氧机故障不工作时,塘管家的后台监测系统就会直接给养殖户拨打电话告知,直到电话接通,以避免长时间缺氧。

作为互联网与渔业结合的产物之一,其作用也可以体现在网络公开课平台,平台上有一些水产视频教学课程,只需一部手机就能随时随地学习水产养殖知识。"互联网+"的使用使得养殖户从手机里就可以查看相关设备的使用方法和一些情况说明,即使技术人员不在身边,也能找到问题的解决办法。

三　案例讨论

1. 组织形式:分组讨论,每位组员发言,最终结果由组长汇总。

2. 讨论问题:

---

[1]　李明爽,张馨馨,单袤.以小见大　塘管家开启鱼大大智慧化服务新动向[J].中国水产,2019(09):20-21.

（1）你认为"塘管家"的创新点在哪里？

（2）相较于普通养殖模式，"互联网＋"介入的优点是什么？

（3）"互联网＋"介入水产养殖模式的重要意义是什么？

（4）"互联网＋"介入水产养殖模式存在的问题有哪些？

（5）你对"塘管家"养殖模式存在的问题有什么对策和建议？

四　案例总结

根据各小组讨论的结果，最终总结以 PPT 汇报完成。

五　课堂考核

1. 请根据本小组内各位同学的表现进行打分，每个单项满分 10 分，请结合实际给出 1～10 分的成绩，打分表格如下：

项目	参与度	表达能力	沟通能力	问题思考与分析能力	团队合作能力
分数					

2. 教师根据各小组组长的汇报内容进行打分，每个单项满分 10 分，请结合实际表现给出 1～10 分的成绩，打分表格如下：

项目	问题分析能力	结果呈现	表达能力	建议可行性	团队合作能力
分数					

注：第 1 部分为组内每位学生的个人得分，根据个人表现而定；第 2 部分为每个小组的成绩，每位组员会按照小组成绩得到一个分值，加上个人成绩为最终成绩。

第二节　火鸡养殖中的"电商孵化"思维

一　案例简介

江苏军曼农业科技有限公司起源于江苏省盐城市建湖县省级农村电子商务村——高作镇陈甲村，创办于 2013 年，注册资本 1 500 万元，自有养殖基地近 1 000 亩，主要由一批有梦想、敢于创新创业的年轻人组成。该公司积极响应国家实施乡村振兴战略的号召，围绕发展火鸡产业，引领农村脱贫为工作重点，以火鸡一二三全产业链深度融合发展项目为主导，建设集养殖、加工、销售、研发、休闲观光、示范带动为一体的田园综合体。

江苏军曼农业科技有限公司由廖正军和鲁曼创建。2009 年,鲁曼从扬州大学毕业后就被徐工集团录用,从事外贸主管工作。当时的她是人人羡慕的对象,但是人生就是充满了各种各样的反转。当鲁曼陪男友回农村老家过了一次年后,她便毅然决然地辞去了这份年薪 10 万元的工作。鲁曼的男友廖正军生在农村,长在农村,对家乡有浓厚的感情,总觉得要为家乡做点什么,做点有差异化的事业。鲁曼爱屋及乌,为了男友,她选择放弃了徐工集团优厚的待遇和舒适条件,辞职和男友一起到农村搞火鸡养殖。

众人对她有不解甚至还有诋毁,但是鲁曼统统都不在乎,在他们的坚持下,江苏军曼农业科技有限公司成立了。"曼"代表了鲁曼,"军"则代表了鲁曼的老公廖正军。两个心中有爱的年轻人就在这样相互扶持的道路下开始自己创业。刚开始的时候,他们起早贪黑地用蛇皮袋拎着火鸡挨家酒店进行推销。功夫不负有心人,在他们的坚持下,他们赢来了第一单生意。他们从早上 7 点多一直等到中午 11 点多等来了酒店老板,老板当即接下了他们这批货。

鲁曼知道在这个互联网的时代,单单走线下销售渠道是行不通的,于是她想到了在网上开辟空间,打开销路。后来,廖正军就建立了网页,把火鸡放到网上售卖。效果随之而来,有 100 多人看到信息后打电话过来咨询,当时鲁曼就感觉到网络是个好工具。在第三届江苏科技创业大赛上,鲁曼用"互联网+新品种火鸡"赢得了评委的喝彩,他们打造的"乡旮旯网"是国内第一家以火鸡销售为主的农村电商平台。

在开辟线上的同时,鲁曼并没有放弃线下的市场。鲁曼将线上和线下销售相结合,扩大融资渠道和"乡旮旯网"的规模,以带动身边更多的乡里乡亲致富。如今,鲁曼的团队正走向合伙人模式,通过不断的资源整合,让被动变主动,也提高了养殖场员工的积极性,整个团队越变越好。目前,他们正在和扬州大学形成战略合作关系,研发更高品质的新品种火鸡,目前新品种火鸡已经进入配套期,这一期的火鸡养殖成本更低,繁殖能力更快,抗病能力更强。

如今,旺季的时候,鲁曼养殖的火鸡单日销售收入超过 23 万元,即使在淡季,鲁曼也能实现每日数万元的火鸡销售额[①]。

二　案例解析

1. 为何要选择"电商+农业"模式? 2015 年 3 月 5 日,李克强总理在第十二届全国人民代表大会第三次会议上作政府工作报告,第一次将"互联网+"行动提升至国家战略层面。将"电商+"作为信息化战略的重要组成部分深刻改造传统农业,成为中国农业必须跨越的

---

① 农业部市场与经济信息司. "双创"成果:廖正军:"互联网+"火鸡　打造全国农村电商特色品牌——江苏军曼农业科技有限公司[EB/OL]. [2017-08-06]. http://www.moa.gov.cn/ztzl/scdh/sbal/201609/t20160905_5265067.htm.

门槛。4个月后,国务院印发了《关于积极推进"互联网十"行动的指导意见》,将"互联网十"现代农业作为11重点行动之一,明确提出要利用互联网提升农业生产、经营、管理和服务水平,以促进农业现代化水平明显提升的总体目标,部署了构建新型农业生产经营体系、发展精准化生产方式、提升网络化服务水平、完善农副产品质量安全追溯体系4项具体任务。2016年4月,《"互联网十"现代农业三年行动实施方案》出台,明确了未来3年的总体目标——到2018年,农业在线化、数据化取得明显进展,管理高效化和服务便捷化基本实现,生产智能化和经营网络化迈上新台阶,城乡"数字鸿沟"进一步缩小,大众创业、万众创新的良好局面基本形成,有力支撑农业现代化水平明显提升[①]。

"互联网十"现代农业正好适应当下的经济发展背景,符合农业"转方式调结构"的要求,农业信息化将成为助力器和新动能。第一,加大农业供给侧结构性改革,需要我们用信息化的手段助推实现全产业链变革、全要素资源整合。第二,"信息鸿沟"已成为城乡差距的重要体现,城乡信息服务不在同一起跑线。从这点看,也应该加大服务力度,让农民在信息服务上拥有更多获得感。第三,目前的农业数据割据现象比较突出,只有联网共享才能提高效率。第四,"互联网十"正在催生一批新产业、新业态、新模式,可以更好地服务于农业全产业链,提升农业价值链。第五,"互联网十"理念和技术的应用,可以加速培育新型职业农民。新农民在信息化的助力下能够以一当十,辐射带动新主体的成长,较大程度提高农业生产经营效率。

2. 江苏军曼农业科技有限公司的"电商十"模式构架如何? 在电商思维下的营销模式:线上营销、线下体验。公司建有自己强大的网络销售平台"乡旮旯网"。"乡旮旯网"是经过成熟的计算机网络技术,成功升级的新网络销售平台,公司致力将其打造成全国农村电子商务第一平台,率先试点"把农村复制到网络",互联网经济的触角延伸到更为广阔的农村市场! 为进一步发挥"互联网十火鸡"的品牌效益和放大效益,实行以火鸡引爆其他名特优农副产品以及农业生产资料的线上销售,即只要和火鸡有关的,乃至其他各类农产品,都在平台上销售。其独特的村镇O2O模式,把线上与线下有效地结合在一起,通过线下体验店不仅解决了农民不会上网的问题,而且在体验店的商城上买东西,从源头上制止了假货流向农村。通过线上网络购物,能够让客户获取所买农产品的基本信息,在"乡旮旯网"电商平台上会用真实生动的图片、详尽的文字把农产品生产、销售、管理过程展现给大众,让更多人能够了解并且直接买到最原始、最生态、最原汁原味的乡村风味,在线上就能够追溯采摘、物流、供应链等各环节情况,真正做到消费放心。

3. 除借助"互联网十"外,江苏军曼农业科技有限公司的成功经验还有哪些?

(1)火鸡标本及养殖展示。通过和扬州大学合作,聘请技术导师,采取"外引内培"的形式不断扩大科技人员队伍,组建科技研发中心,提高科技研发能力,侧重对种火鸡繁育技术的开发和养殖技术的推广,并加以综合集成、推进标准化生产,建立一套切实可行的火鸡养殖行业标准。火鸡养殖场配备全方位可视监控,在养殖基地域内设置的信息采集点阵,能够以点带面,反映养殖基地内火鸡各生长阶段的长势及状况。

(2)火鸡美食展示。与其他家禽相比,火鸡体形大,生长迅速,抗病性强,瘦肉率高,可与肉用鸡媲美,被誉为"造肉机器"。其肉嫩味美、老少皆宜,既能适应高档餐馆,亦可满足普通家庭需要。火鸡同时具有野生动物的特性,不但肉质肥嫩鲜美,其蛋白质含量更加丰富。火鸡肉脂肪少,胆固醇含量低,富含多种氨基酸,特别是蛋氨酸和赖氨酸都高于其他肉禽,而且维生素 E 和 B 族维生素也含量丰富,具有提高人体免疫力和抗衰老等功效,是妇女、儿童、老年人的保健食品,更是肥胖人士理想的减肥食品。

(3)火鸡文化产品展示。为进一步拓展公司发展平台,实现多元化经营目标,公司在建湖县高作镇陈甲村一组特禽项目组实施羽毛工艺画研发及产业化项目,购置羽毛加工流水线一套,制作手工羽毛工艺画。

三　案例讨论

1. 组织形式:分组讨论,每位组员发言,最终结果由组长汇总。

2. 讨论问题:

(1)你认为本案例中"电商＋火鸡"模式取得成功最重要的原因是什么?

(2)"电商＋",到底应该"＋"什么?

(3)你认为动物生产应该如何与"电商＋"结合?

(4)你是否了解其他相关的"电商＋"畜牧业的例子?

(5)你认为"电商＋"现代农业、畜牧业未来的发展方向应该是什么?

(6)"电商＋"现代农业、畜牧业模式及其发展过程中存在哪些问题? 你有什么对策建议?

四　案例总结

根据各小组讨论的结果,最终总结以 PPT 汇报完成。

五　课堂考核

1. 请根据本小组内各位同学的表现进行打分,每个单项满分 10 分,请结合实际给出 1~10 分的成绩,打分表格如下:

项目	参与度	表达能力	沟通能力	问题思考与分析能力	团队合作能力
分数					

2. 教师根据各小组组长的汇报内容进行打分,每个单项满分 10 分,请结合实际表现给出 1～10 分的成绩,打分表格如下:

项目	问题分析能力	结果呈现	表达能力	建议可行性	团队合作能力
分数					

注:第 1 部分为组内每位学生的个人得分,根据个人表现而定;第 2 部分为每个小组的成绩,每位组员会按照小组成绩得到一个分值,加上个人成绩为最终成绩。

第三节　奶牛养殖过程中的"社群营销"思维

一　案例简介

韩芬,郑州牧之丰农业科技有限公司(简称牧之丰)创始人,奶业科技的践行者,来自农村,从河南农业职业学院毕业后一直从事奶牛养殖和鲜奶美食开发,10 年来在老师和行业专家的指引下不断探索中小奶农奶业发展之路,不断在奶牛养殖和牛奶开发推广模式上探索,探索出"牧之丰"在农村发展奶牛种养加产供销一体化的路子,通过社群营销的方式迅速打开市场,实现了为家乡人提供安全、放心、营养的纯真鲜奶和牛奶美食的梦想,走出了大大提升奶农收益、保证牛奶纯鲜质量的健康持续生态发展之路[①]。

在奶业形势转型升级比较艰难的今天,很多奶农在无奈中挣扎。韩芬结合多年行业沉淀和对行业的理解,回到农村做一个新型农民,农村以家庭农场为载体、多年奶牛养殖和经营奶吧的基础上,进一步升级,3 年来投资 30 多万元,探索了奶牛养殖和鲜奶美食作坊一体模式。韩芬在家乡鹿邑县任集乡任南村开展家庭农场养殖奶牛,奶挤出后直接在鲜奶美食作坊加工,做成巴氏鲜奶、酸奶及各种牛奶美食,在 2～4 小时内通过直供配送到户模式,让家乡父老乡亲喝上性价比高的纯真鲜奶,吃上各地牛奶美食,实现种"养加销"一体化的生态养殖和产供销新鲜供给一体化直接销售模式,每千克巴氏鲜奶销售价 8～10 元,远远高于目前乳品企业收购奶农奶价 3.5 元,让奶农收益翻一番,效益更好。对消费者来说,该售价远远低于乳品企业的市场销售乳制品价格每千克 15～20 元,消费者花费降低一半,让消费者更受益,让鲜奶和自酿酸奶成为普通老百姓消费得起的大众产品,而且还能保证让家乡人和消费者真正喝上纯真鲜奶。在专家老师技术顾问的指导帮助下,通过"互联网＋"技术推广

---

① 农业部市场与经济信息司."双创"成果:韩芬:科技助力奶农发展新模式——河南郑州牧之丰农业科技有限公司[EB/OL].[2019-08-08]. http://www.moa.gov.cn/ztzl/scdh/sbal/201609/t20160905_5264627.htm.

模式,解决家家户户要专家而专家没有分身法的难题,通过社群营销管理平台,随时随地解决奶农出现的问题,并定期开展微信课堂,推广先进的技术。目前,每头牛年产奶 7 t 左右,每头牛产值在 7 万元左右,根据家庭农场运营一年的核算,每头奶牛每年毛利润在 2 万～4 万元。每个家庭农场两个主要劳动成员可以养殖 5～10 头奶牛,每年毛利润就是 20 万元以上,远远高于目前打工或者养牛卖奶给乳品企业的收入。让养牛人真正实现小康生活,而且真正地为大众为家乡人提供了纯真鲜奶。无论是奶农养殖者,还是终端消费者,真实地获得了最好的经济效益和产品性价比。

二　案例解析

(1) 种养加、产供销一体化,实现生态循环农业发展,让牛奶成为普通老百姓消费得起的产品。

奶牛养殖行业对环境的污染已经越来越被关注,欧洲成熟的经验就是种植养殖一体化,粪污返田,改良土壤。牧之丰也是在不断实践,在农村采用家庭农场模式进行奶牛养殖饲粮种植,实现生态循环农业发展。变粪为宝,提升农作物品质和产量,将秸秆作为饲料饲养奶牛,奶牛饲养成本远远低于规模牧场,牛奶制造成本也远远低于规模牧场。想让牛奶进入普通百姓家,就要让其成为大众消费得起的食品。通过在家乡养、在家乡加工、利用家乡土地秸秆资源,让家乡人以更低的价格喝上更好的牛奶,实现"种养加"一体化的生态养殖和产供销一体化的直接销售模式。每千克巴氏鲜奶销售价 8～10 元,对消费者来说远远低于乳品企业的市场销售乳制品价格每千克 15～20 元,消费者花费降低一半,让普通老百姓喝上了好牛奶。

(2) 社群营销＋技术推广,通过微信群等社交平台分享科技知识,让奶农随时随地有专家服务,解决食品安全、动物安全、环境安全问题,提升科技在生产中的应用水平。

随着奶业近几年的发展,奶牛存栏得到快速提升,技术服务和推广相对滞后,出现"奶农处处要专家,专家没有分身法"的尴尬局面,影响科技在奶业的应用和推广。韩芬通过几年的探索和实践,在专家的帮助下,通过"互联网＋"技术,借助微信管理平台,让奶农随时随地有问题通过微信视频、语音等及时传递,聘请专家在线随时解答帮助等方式,帮助奶农解决养殖中出现的问题。同时还建立微信公众号和微信课堂,讲授奶业科技知识和先进理念,让奶农更好地提升自己。

(3) 牧之丰技术不断升级,保证牛奶的纯真鲜,让家乡人喝上好牛奶。

作为奶农,我们生产什么样的牛奶给消费者,怎么给消费者?韩芬经过多年的各种运营模式,总结出要想为家乡人或者消费者提供鲜奶,我们就要做到牛奶的纯、真、鲜。想让牛奶进入普通百姓家,就要让其成为大众消费得起的食品。通过在家乡养、在家乡加工、利用家乡土地秸秆资源,让家乡人以更低的价格喝上更好的牛奶。韩芬通过专家技术顾问的强大后盾支撑,不断地进行奶业技术推广和经验模式升级,保证牛奶质量,实现让家乡人喝上好牛奶的梦想。

三 案例讨论

1. 组织形式:分组讨论,每位组员发言,最终结果由组长汇总。

2. 讨论问题:

(1) 你认为牧之丰有哪些先进的理念?

(2) 你怎么看待牧之丰的社群营销模式?

(3) 牧之丰目前仍存在的问题及解决办法是什么?

(4) 你有什么与众不同的快速推广的想法和创意点?

四 案例总结

根据各小组讨论的结果,最终总结以 PPT 汇报完成。

五 课堂考核

1. 请根据本小组内各位同学的表现进行打分,每个单项满分 10 分,请结合实际给出 1~10 分的成绩,打分表格如下:

项目	参与度	表达能力	沟通能力	问题思考与分析能力	团队合作能力
分数					

2. 教师根据各小组组长的汇报内容进行打分,每个单项满分 10 分,请结合实际表现给出 1~10 分的成绩,打分表格如下:

项目	问题分析能力	结果呈现	表达能力	建议可行性	团队合作能力
分数					

注:第 1 部分为组内每位学生的个人得分,根据个人表现而定;第 2 部分为每个小组的成绩,每位组员会按照小组成绩得到一个分值,加上个人成绩为最终成绩。

第四节 畜牧养殖中的"智慧物联网"思维

一 案例简介

中鹤集团,全称为河南中鹤现代农业开发集团有限公司,成立于2009年,目前已经发展成为注册资金18亿元,资产93.1亿元,拥有员工3 500人,以信息化为平台、新型工业化为龙头、新型农业现代化为基础、新型城镇化为提升的"三化协调、四化同步"发展的集团公司。集团总部设在郑州市郑东新区中央商务区外环路与九如东路交汇王鼎国际19楼,生产基地、工业园区位于鹤壁市浚县粮食精深加工园区。依托国家对农业发展的政策支持,已发展成为一个占地5.8 km²的粮食精深加工产业园。中鹤集团是从事农业产业化全产业链经营的集团公司,拥有农业开发、集约化种养、粮食收储与粮油贸易、小麦加工产业、玉米加工产业、豆制品加工产业、零售业、环保与能源等相关产业,是国家财政参股企业、国家"十一五"食品安全科技攻关项目示范基地、河南省重点龙头企业。自集团公司成立以来,依托当地丰富的农牧产品资源,带动了当地运输、养殖、食品加工等行业同步发展。同时公司造福当地,在当地建设10万人的新型农民社区。2014年度开发1万亩高标准农田提升改造工程、年加工20万t生物有机肥项目1个、粮食生产农业机械现代化服务项目1个,总投资约6 203.22万元;建设粮食清洁安全生产基地科技信息物联网服务平台1套,总投资约95万元①。

2015年3月5日,李克强总理在2015年政府工作报告中多次提到"互联网＋",包括"制定'互联网＋'行动计划"。2015年3月25日,王铁副省长在全省农业工作会议上指出:以"互联网＋"为平台,进一步推进农村信息化建设,"互联网＋"时代已经到来,"互联网＋"模式正在从第三产业向第一和第二产业渗透,成为推动各个产业向农业转型发展的重要"推手"。随着中鹤养殖羊类品种繁多,养殖规模快速扩大,传统的养殖管理办法已经不能够满足管理要求,迫切需要建设一套智能化养殖系统,可以有效地管理养殖生产过程,节省人力资源和生产经营成本,提高养殖管理的效率,提高品牌知名度,同时达到科学、安全、精准养殖的目的。

在这种环境下,中鹤集团开始建设"互联网＋羊舍养殖"物联网管理系统,总体功能包括:养殖环境智能化监测与控制;建设信息化羊只谱系、生长、繁育等智能档案;养殖羊只个体体温监测与记录,实时监控病情;统一养殖标准,加强养殖管理,建设智能生产管理系统;

① 农业部市场与经济信息司."互联网＋"现代畜牧业:河南中鹤现代农业产业集团有限公司[EB/OL].[2019-08-10]. http://www.moa.gov.cn/ztzl/scdh/sbal/201609/t20160905_5264736.htm.

保障羊产品质量，建设羊产品全程履历系统。

1. 羊只信息化管理子系统

(1) 繁育谱系管理：包括羊舍羊只外貌、体质、个体发育、营养情况、生产性能、品种来源、遗传状况、后代品质等的管理。

(2) 羊只电子档案：包括标识编码、品种、引种日期、性别、毛色、生日、父系和母系、检疫、防疫、免疫等的管理。

(3) 喂养管理与记录：为了实现科学喂养、智能管理，在羊舍内安装饲养行为管理终端，对喂养人员的喂养行为进行智能化、自动化记录和管理，通过软件平台和客户端登记喂养过程。

(4) 羊群行为实时监控：通过对羊舍视频实时监控，随时随地了解羊舍情况，并有效地预防羊群出现恐慌、惊吓、斗殴等现象，同时可避免羊的流产、死亡、挤伤等情况造成的经济损失。

2. 羊舍物联网管理子系统

羊舍物联网管理子系统能实现对采集自养殖舍的各路信息的存储、分析、管理；提供阈值设置功能；提供智能分析、检索、告警功能；提供权限管理功能；提供驱动养殖舍控制系统的管理接口等功能。

(1) 环境智能监测：系统能实现养殖舍内环境（包括 CO_2、氨氮、H_2S、温度、湿度）信号的自动检测、传输、接收，通过对环境因子的智能监测数据可准确调控羊舍环境，给予最优良的喂养管理。

(2) 环境智能控制：系统能实现对羊舍内环境（包括光照、温度、湿度等）的集中、远程、联动控制。通过对风机、水帘、灯光、喷淋、室外遮阳等设备的自动控制来调节羊舍的环境，以便达到最适宜最健康的生长环境。对散养区和半封闭羊舍的喷淋做到本地控制、远程电脑控制、手机控制，并智能配置喷淋参数。

(3) 远程刮粪操作：系统能够实现远程控制刮粪电机，可对羊舍中羊粪进行定时清理，可适应不同羊粪道宽度和长度，实现羊粪的干清、干运效果。

(4) 自动识别与隔离：将采集的声音、体重、温度等信息进行分析，并结合视频的实施监测，通过耳标锁定识别体温异常、发情、防疫、繁育、屠宰等情况，使羊自动进入隔离区，减轻人员劳动强度。

(5) 羊只饮水监测：通过水温的自动化控制、饮水次数的监测间接反映羊只的健康状况。

(6) 羊只体温监测：在羊舍饮水槽封闭正面处预留单头羊通过饮水的进口，安装体温检测设施。在进口处安装面板式 RFID（射频识别）读取器，在进口对面安装红外体温测量仪。当羊头通过进口饮水时，可对羊耳标进行识读，同时测量羊体温，所测量数据通过 RS-485 传输到本地服务器中,再通过互联网上传至平台。

3. 自动化饲喂子系统

以电脑软件系统作为控制中心,用一台或者多台饲喂器作为控制终端,由众多的读取感应传感器为电脑提供数据,同时根据自动饲喂的科学运算公式,由电脑软件系统对获得的数据进行运算处理,处理后指令饲喂器的机电部分来进行下料,达到对羊只的数据管理及精确饲喂管理。

（1）自动控制饲喂和测定过程,不需要人为干预;

（2）自动识别进食羊只身份;

（3）自动显示采食羊只的耳标号、开始采食时刻、采食时间和进食量;

（4）自动测定每日的体重,并计算出日增重;

（5）自动计算日饲料报酬;

（6）自动生成日测定明细表;

（7）自动生成日测定统计表;

（8）自动生成日龄段统计表;

（9）自动绘制测定期内生长性能曲线。

二　案例解析

该案例通过运用物联网、互联网、移动互联网、大数据等信息化手段,帮助养殖企业应用现代信息技术构建精细化、网络化和智能化管理的现代畜牧养殖模式,在养殖舍环境监控、精细饲养、病害防治、质量溯源等环节实现科学管理,有效增加产量、扩大生产规模、提高品质、减少养殖风险、降低资源消耗和人力成本,推动现代畜牧业发展。根据研究,畜禽养殖过程中,养殖舍内对畜禽生产影响较大的环境因素包括温度、湿度以及三种有害气体(NH_3、H_2S、CO_2）。羊舍环境智能监控系统是基于物联网技术,通过在线监测畜禽养殖环境信息,调控养殖舍的环境条件,以实现畜禽的健康生长和繁殖[①]。

1. 技术创新

在实施过程中,项目将逻辑链路控制和适配协议（L2CAP）、无线射频通信（RFCOMM）和业务搜索协议（SDP）等技术融合在一起,改变传统的手持机方式,利用目前常用的智能手机连接扫描设备的方式。对于远程控制设备,突破原有的机械化模式,定制养羊行业专属的技术手段,利用限位技术来解决控制设备非机械化无法实现精准控制的弊端。

2. 组织创新

把传统的"一人一舍"的生产方式进化成"一人多舍"的养殖方式,使"经验式"养殖成为

---

①　随洋,王瑞利.基于物联网技术的种羊养殖系统设计与实施[J].内蒙古科技与经济,2013(20):99.

过去式。

3．模式创新

该服务平台首次应用了物联网的基本架构和云计算的技术与方法，为农业提供全方位的综合服务。平台基于物联网技术，全面实现农业环境信息实时监测、控制、数据分析。生长环节科学化养殖及数字化繁殖，适用于当前的农业信息化、数字化和精准化模式，极大地提高了工作效率，解决了传统农业不能规模化生产、无法实现科技兴农等问题。通过物联网系统平台可以远程监控农业生产，并根据实时信息进行生产调度。大数据处理用于对采集的数据进行分析处理得到相关的理论指导，并为生产生活做出指导。

4．服务创新

项目运用数据挖掘是通过挖掘数据仓库中存储的大量数据，从中发现有意义的新的关联模式和趋势的过程。利用功能强大的数据挖掘技术，可以使企业把数据转化为有用的信息帮助决策，从而为企业科学决策提供有力依据。

三　案例讨论

1．组织形式：分组讨论，每位组员发言，最终结果由组长汇总。

2．讨论问题：

（1）你知道还有哪些畜禽养殖过程中需要这种技术，请列举。

（2）你认为中鹤集团搭建的管理系统是否有未考虑到的方面？

（3）作为动物科学专业本科生，你认为我国羊的养殖和育种中存在哪些问题？有什么对策和建议？

四　案例总结

根据各小组讨论的结果，最终总结以 PPT 汇报完成。

五　课堂考核

1．请根据本小组内各位同学的表现进行打分，每个单项满分 10 分，请结合实际给出 1～10 分的成绩，打分表格如下：

项目	参与度	表达能力	沟通能力	问题思考与分析能力	团队合作能力
分数					

2．教师根据各小组组长的汇报内容进行打分，每个单项满分 10 分，请结合实际表现给出 1～10 分的成绩，打分表格如下：

项目	问题分析能力	结果呈现	表达能力	建议可行性	团队合作能力
分数					

注:第 1 部分为组内每位学生的个人得分,根据个人表现而定;第 2 部分为每个小组的成绩,每位组员会按照小组成绩得到一个分值,加上个人成绩为最终成绩。

第五节　"红枣羊"养殖的"数字云"思维

一　案例简介

佳县在做好常态化疫情防控工作的同时,持续巩固提升脱贫产业,积极融入全市"双千万"工程,着力做大做强羊子产业,探索适应羊子产业发展需求的新技术、新模式。在"借羊还羊"模式基础上,探索出了"云养羊"信息化养殖新模式[①]。

该模式由佳县官庄乡政府与信息技术公司合作,相关饲料、金融、保险等企业配合,为71户 50 只以上的养羊大户的圈舍安装监控摄像头,通过后台"云"系统自动识别羊子的健康状况,及时将信息反馈的养殖户,通过选用标准化"红枣羊"饲料、提供惠农信贷服务、办理羊子意外伤害险等方式,科学指导饲养,切实降低农户养殖风险。同时,利用电商销售平台,把羊子生长过程、健康状况等信息传输至收购企业和消费者,形成可溯源、可监测的网络购销服务体系与产购销一体的信息化养殖模式。

该模式由政府、企业和农户三方合力抓产业,为农户提供便捷、高效、安全的全方位养殖业金融、技术服务,将农户小规模经营养羊产业与大市场有效链接,为全县羊子产业发展提供了新思路。

二　案例解析

佳县官庄便民服务中心利用互联网信息技术,创建数字化"云养羊"模式,对羊产业进行技术、金融服务和销售体系全方位提升,加快养殖户脱贫致富的步伐。

官庄便民服务中心土地面积广阔,牧草资源丰富,适宜发展羊子养殖。近年来,为促进产业提质增效,该中心通过"借羊还羊"模式,先后引进 660 余只优质种白绒山羊,与一家生产红枣饲料的企业合作,在全中心试点推广红枣配方饲料喂养方式,着力打造"红枣羊"品牌。

[①]　李锦龙. 佳县探索"云养羊"产业发展新模式[EB/OL]. [2020-06-08]. http://sxjiaxian. gov. cn/zwgk/jzxx/38938. htm.

1. 羊场安上"云"设备

2020 年年初,官庄便民服务中心组织干部外出学习,发现农牧"云"基建产业模式。该模式可通过网络视频自动采集生产信息,并利用系统平台销售农产品。于是该中心及时联系相关企业对接业务,并成立专班负责宣传推广项目。很快,该中心 50 只以上规模的 71 户养殖大户的羊子养殖场安装了智能监控设备,并在官庄便民服务中心建立起视频数据中心,远程管理服务各个养殖场。曾经默默无闻的"红枣羊"走上了互联网,也拉近了和更广大市场的距离。

2. 小镜头里有大视野

小小的摄像头释放出令人意想不到的作用。由陕西"鲜肉肉"公司开发建设的"云"平台可以通过后台系统自动识别农户羊子存栏数量、健康及生长状况等信息,并通过视频及时传输给养殖户、合作社、企业以及消费者。养殖户无论何时何地都能通过手机查看羊子生长状况。保险公司对购买羊子意外保险的养殖户,可实现网上监测和理赔办理。消费者也能随时远程观看羊子喂养及生长状况,保证买到知根知底的"放心羊"。

3. "红枣羊"插上"云翅膀"

项目启动以来,已经迎来了不少"尝鲜"的消费者,通过线上预订,他们就能观察自己预订的羊的生长全过程,实现在线养羊。羊长成宰杀后,养殖场通过电商物流直接送达消费者手中,省去了不少中间利益环节,降低了消费成本。

三　案例讨论

1. 组织形式:分组讨论,每位组员发言,最终结果由组长汇总。

2. 讨论问题:

(1) 你认为"云养羊"模式会成为以后的主流吗? 为什么?

(2) 你认为"云养羊"模式目前存在哪些不足和可以改进的方面?

(3) "云养羊"模式给你带来了什么启发?

四　案例总结

根据各小组讨论的结果,最终总结以 PPT 汇报完成。

五　课堂考核

1. 请根据本小组内各位同学的表现进行打分,每个单项满分 10 分,请结合实际给出 1～10 分的成绩,打分表格如下:

项目	参与度	表达能力	沟通能力	问题思考与分析能力	团队合作能力
分数					

2. 教师根据各小组组长的汇报内容进行打分,每个单项满分 10 分,请结合实际表现给出 1～10 分的成绩,打分表格如下:

项目	问题分析能力	结果呈现	表达能力	建议可行性	团队合作能力
分数					

注:第 1 部分为组内每位学生的个人得分,根据个人表现而定;第 2 部分为每个小组的成绩,每位组员会按照小组成绩得到一个分值,加上个人成绩为最终成绩。

第五章/Chapter

动物生产中遗传育种的创新思维实训

本章主要介绍了动物生产中遗传育种方面的创新思维案例，以案例为中心展开创新思维的实训。

第一节　非洲猪瘟背景下的"全基因组选育"思维

一　案例简介

　　经过 20 多年的发展,江苏省种猪行业基本完成了以引进吸收、改良提升为主的转变,步入了以创新追赶、自主选育为重点的新时期,具备了与国际品种同台竞技的基础。但我们在育种上存在测定量少、选择强度低、数据积累时间短、与国外差距大、联合育种难度大、选择准确性差、育种效率低、育种的针对性差、企业自主育种能力不高等多项不足之处。2018 年非洲猪瘟疫情发生以来,养猪业遭遇到前所未有的危机,生猪存栏量整体呈滑坡趋势,能繁母猪数量下降幅度较大[①]。非洲猪瘟对育种上的影响主要是三个方面:一是核心群的规模下降,有的场全军覆没;二是性能测定的数量在下降;三是种猪交流基本中止,联合育种更加困难[②]。

　　(1)规模种猪企业:未来几年,出于对生物安全的考虑,种猪场会尽量减少猪群流动,步入自我更新,需要进行早期基因组选种,全基因组选择已在国际上应用,也可使江苏省猪育种短时间内提高育种效率,为猪育种提供新机遇。调猪到调肉的转变将使育种更加关注系水力、肉色等指标,大型屠宰企业的占比提升,也将使育种根据分级标准调整选育重点,联合育种更加困难,不得不转向发展企业化育种,同时也是地方猪产业向规模化养殖、品牌化经营快速转变的关键期,利用地方资源与引进品种杂交合成培育新品种已成为江苏省种猪业的重要组成部分[③]。

　　(2)二元母猪为主体的规模猪场:当前我国每头母猪年提供的上市肥猪远远低于发达国家水平。母猪的年生产力受多种因素影响,有遗传、营养、管理和疾病防治等因素,遗传是决定母猪年生产力的内在因素,而营养是影响母猪年生产力的重要外因之一,其中出生后仔猪的成活率低是主要的限制因素。2019 年 3 月农业农村部发布的《关于稳定生猪生产保障市场供给的意见》指出,要加大生猪良种推广力度,切实提高母猪繁殖率和仔猪成活率。要加强实用技术培训,特别加大对种猪场和规模猪场的培训力度。在此背景下,江苏省生猪养殖转型升级中亟须在母猪存栏量减少的情况下提高母猪的年生产力,保障相应产能基本平衡,因此围绕江苏省生猪产业中母猪年生产力提高等问题进行重大技术协同推广意义重大。

①　陈立平,楼平儿,舒鑫标,等.非洲猪瘟时期对猪育种工作的一些思考[J].猪业科学,2019,36(6):109-111.
②　高全利.非洲猪瘟对养猪业造成的几个重大影响[J].今日养猪业,2019(4):13-15.
③　张勤.我国猪育种现状与挑战[J].北方牧业,2019(10):12-13.

（3）使用三元母猪的养殖场（户）：受非洲猪瘟影响能繁母猪存栏量呈断崖式下跌趋势，种猪流通受限，一些企业被迫使用二元猪回交选留后备猪，甚至在没有任何其他安全途径引入后备猪，也没有办法开展轮回杂交的场，外三元育肥母猪留作种用成了万不得已的应急措施。众所周知，三元猪本来是商品猪，不宜作种用，其主要是利用长大（或大长）二元母猪的繁殖优势与杜洛克公猪的生长优势，杂交后具有生长速度快、瘦肉率高、肉质好等优势，但是繁殖性能差。但是在这种无种可引、无猪可养的"非"常时期，将商品代母猪留作种用不失为当前及未来 2～3 年内可行的解决之道。并且三元母猪具有更大的供种群体，若使用三元猪做母猪，则比使用二元猪的产能恢复时间可缩短 1 年以上。三元商品母猪种用目前积累的经验及数据不算太多，为保障养殖户复产能够顺利进行，提高三元母猪种用率势在必行。

全基因组选择技术于 2001 年被首次提出，于 2008 年左右开始应用于奶牛和猪的遗传评估。目前，基因组选择已经在国外商品猪如杜洛克、大白猪和长白猪及其杂交体系中开始广泛地应用，并带来了比传统 BLUP（最佳线性无偏预测）评估更快的遗传进展。基因组选择的原理为利用全基因组的单核苷酸多态标记（Single Nucleotide Polymorphism，SNP）估计个体间的亲缘关系，即基因组亲缘关系（Genomic Relationships）。基因组亲缘关系比基于系谱的亲缘关系（Numeric Relationships）更加准确，可以更加准确地描述不同个体间携带来自共同祖先的基因的比例。同时，基因组选择能够更有效地利用标记与数量性状位点（QTL）的连锁不平衡信息。因此，基因组选择比常规 BLUP 评估具有更高的育种值估计准确性。该技术的主要优点有：① GEBV（基因组育种值）的准确性高于传统育种值；② 加快遗传进展；③ 实现某些难以测定性状的早期选择。

根据 PIC（种猪改良国际集团）和丹育国际（Danbred）等国际种猪育种公司报道，基因组选择增加了他们群体不同性状 20％～40％ 的遗传进展。我国温氏集团应用基因组选择，在其杜洛克核心群中，也取得了高于传统 BLUP 评估的遗传进展。目前，所有主要国际种猪育种公司均已先后应用了该技术，并在不断地增加对该技术的研究和应用投入。例如，丹育国际公司正在计划将基因组选择检测 SNP 芯片个体的比例从 20％增加到 40％，近而进一步提高基因组选择的功效和遗传评估的准确性。同时，基因组选择已于 2010 年在我国荷斯坦奶牛群体上应用，对种公牛选择的准确性提高了 22％，间接创造经济效益 13.3 亿元。该技术也被广泛地应用于家禽、植物和水产动物（如三文鱼等）的育种生产。另外，该技术在人类的疾病预测中也有许多的研究和应用。该技术被认为是一项具有革命性和开创性的育种技术，预计将在未来为动植物育种带来巨大的改变和发展。

二　案例解析

我国养猪业具有强大的肉猪生产系统，也就是常说的"我国是养猪大国"，但是在"金字塔"繁育体系中，顶端核心种猪资源长期依赖进口。在很长的一段时间内，对于种猪，我国都处于"引种→维持→退化→再引种"的恶性循环状态,在加入 WTO(世界贸易组织)后,这一状况更严重。总之,明显的种猪引进依赖对我国养猪业经济和企业经济的持久发展十分不利。

目前,我国商品化种猪的生产性能依然远远落后于欧美发达国家。养殖成本比美国高 40% 左右,每千克增重比欧盟多消耗饲料 0.5 kg 左右,以 PSY(每头母猪每年所能提供的断奶仔猪头数)为例,我国目前能繁母猪平均 PSY 为 15~17 头,而欧美许多国家均已超过了 28 头,其中丹麦已经超过了 30 头。据计算,1 头母猪 1 年需要 1 t 饲料,加其他费用,饲养成本约 2 000 元。若 1 头母猪提供 20 头断奶仔猪,每头断奶仔猪分摊成本为 100 元;若 15 头,则为 133 元。一个年出栏 1 万头断奶仔猪的规模化种猪场,假如每头母猪年可提供 20 头仔猪,则需要 500 头母猪;若每头母猪年提供 16 头,则需要 625 头母猪,比前者多 125 头母猪,每年多花费的饲养费用至少要 18.75 万元。如能繁母猪存栏数量保持不变,其年提供商品猪数量每增加 1 头,全国就可增加猪肉产量 382 万 t。丹麦杜洛克的达 100 kg 日龄天数已经缩短到 130 天左右,而我国国家核心场平均为 160 天或以上。这也造成了我国生猪产业生产成本高、生产效率低和猪价偏高的问题。

在大白猪和杜洛克核心群中,实施全基因组选择育种技术,近而更快地提高各品种的产仔数、生长速度、饲料转化率等。通过全基因组选择技术的应用实施,迅速高效地提高现有大白猪和杜洛克核心群繁殖、生长、速度等,形成一个高遗传水平、高健康度的优秀大白猪和杜洛克核心群。其中,大白猪和杜洛克基因组选育的目标性状分别为繁殖力(包括产仔数、出生重、窝均匀度和断奶重等)和肉质(肌内脂肪含量、pH、肉色等)。由于江苏省为我国生猪产业的约束发展区,资源环境条件有限,未来的生猪发展必须走高效、环保、集约型的发展方向,且意义重大。

(1) 将提高单位土地和资源的养猪生产效率,提高江苏省的生猪种业竞争力,符合江苏省的生猪产业发展需要。

(2) 迅速提高大白猪和杜洛克的生长速度、繁殖性能和肉质水平,培育性能优秀且可与欧美商业种猪公司相媲美的我国"华系"大白猪和杜洛克猪。

(3) 促进我国种猪企业提升自主育种能力,为我国摆脱长期依赖于从国际大量引种的育种困境奠定基础。

拓展知识点

(1) 种猪场里育种的整个工作流程:第一,种猪登记。从小猪出生以后就要做种猪的登记,通过种猪的登记就知道整个猪群的系谱是什么样的,同时也知道这个群体结构、群体的变化情况。第二,性能测定。根据育种目标做性能测定。第三,遗传评估。在性能测定的基础上,在前面种猪登记的基础上做遗传评估,通过遗传评估来评判猪的遗传优劣性。第四,种猪选留。在遗传评估之后可以做种猪的选留,把遗传上优秀的个体选出来。第五,选配。

（2）基因组选择有两个步骤。第一,先建立一个参考群,在参考群里测定每头猪性状的表型和基因组标记的基因型,利用这些信息去估计每个标记的效应。第二,在真正的候选群体中进行基因组选择。在这个基因组里面测定每个候选个体标记的基因型,利用参考群体里面估计到的效应来计算每个个体基因组育种值。常规的育种值叫 EBV,用基因组的信息来估计育种值叫 GEBV,根据这个 GEBV 进行选择。

三　案例讨论

1. 组织形式:分组讨论,各小组成员发言,组长总结记录发言内容。

2. 讨论问题:

（1）相较于常规育种模式,"猪全基因组选育"模式的优点是什么？

（2）全国猪育种还存在哪些问题？非洲猪瘟给养猪业带来了哪些影响？

（3）你对"猪全基因组选育"养殖模式有什么对策和进一步发展的建议？

四　案例总结

各小组将本组讨论结果进行 PPT 总结汇报。

五　课堂考核

1. 根据本小组内各位同学的表现进行打分,每个单项满分 10 分,请结合实际给出 1～10 分的成绩,打分表格如下:

项目	参与度	表达能力	沟通能力	问题思考与分析能力	团队合作能力
分数					

2. 教师根据各小组组长的汇报内容进行打分,每个单项满分 10 分,请结合实际表现给出 1～10 分的成绩,打分表格如下:

项目	问题分析能力	结果呈现	表达能力	建议可行性	团队合作能力
分数					

注:第 1 部分为组内每位学生的个人得分,根据个人表现而定;第 2 部分为每个小组的成绩,每位组员会按照小组成绩得到一个分值,加上个人成绩为最终成绩。

第二节 现代育种中的"定向选择"思维

一 案例简介

2001 年，Meuwissen 等提出了全基因组选择（Genomic Selection）的方法，这种方法应用全基因组范围的高通量的 SNP 标记，结合 GBLUP（全基因组最佳线性无偏预测）和贝叶斯等数据统计方法，估计待测群体的全基因组育种值（GEBV），辅助优秀个体的选择和留种。该方法具有增强选择强度、提高低遗传力性状遗传评定准确性、缩短选育时间等多方面优势，被认为是全新的分子辅助育种技术。特别是对一些活体不易测量、微效多基因控制的性状，具有更强的应用价值。

家禽基因组育种起始于 21 世纪初期。2004 年 3 月，国际鸡基因组测序协会（International Chicken Genome Sequencing Consortium）联合发布了鸡基因组测序草图，并将此红色原鸡基因组序列数据在 NCBI 等各大公共数据库中公开。鸡基因组测序工程的完成标志着禽类功能基因组时代的到来。同时，由中国等多国科学家组成的另一小组国际鸡多态性地图联盟（International Chicken Polymorphism Map Consortium），还宣布绘成了一张鸡的遗传变异图谱。这张图谱以红色原鸡基因组序列草图为参考框架，将罗斯肉鸡、来航蛋鸡和中国丝羽乌骨鸡基因组进行比对分析，识别出约 2.8M 遗传变异。现在，鸡基因组测序物理图谱已经更新至 6.0 版本（Gallus_gallus-6.0），这些多态位点为功能基因组研究和基因组育种技术研发奠定了重要的基础。

为推进鸡基因组育种工作，荷兰瓦赫宁根大学率先基于鸡基因组研发出了 60K SNP 芯片，该芯片虽然具有较高的基因组覆盖度和 SNP 密度，但是受限于信息来源，不能广泛应用于育种工作，而是多用于科学研究。该芯片位点特征是信息来源广泛的商业鸡种、基因组平均分布、密度高。2013 年，安伟捷公司和英国罗斯林研究所联合开发了一款鸡 600K SNP 芯片，该芯片是唯一一款鸡高密度 SNP 芯片，包含来源于 24 个鸡品种的 60 万个 SNP 位点。由于是高密度芯片，所以该芯片具有诸多优势，但同时由于密度高导致成本高，不适用于大规模的基因组育种实践。

60K SNP 芯片、600K SNP 芯片虽然已较为成熟，但均是基于国外鸡品种设计开发，缺少我国地方鸡基因组变异信息，应用到我国地方鸡育种和保种具有一定的局限性。为此，中国农业科学院北京畜牧兽医研究所在对中外鸡种全基因组重测序的基础上，整合重要经济性状功能基因的显著位点，于 2017 年研制出我国首款具有自主知识产权的鸡 55K SNP 芯片"京芯一号"。55K SNP 芯片适用于我国地方鸡种多样性评价和基因组育种，特别是肉鸡育种的全基因组分型,不仅整合了国内外肉鸡基因组信息,也整合了目前各层面研究获得的生物学关联 SNP 位点。"京芯一号"鸡 55K 芯片产品自 2017 年问世以来,经过了一年多的中试,已经在全基因组选择、全基因组关联分析、亲缘关系鉴定等多个方面得以成功应用。

二　案例解析

(一) 为何提出基因组育种?

传统育种主要利用表型信息和系谱信息,通过最佳线性无偏预测(Best Linear Unbiased Predication,BLUP)计算育种值,并以此作为畜禽选育的基础从而获得理想的遗传进展。BLUP 法在畜禽一些重要经济性状的选择上取得了较好的效果,极大地推动了我国畜禽育种工作。但是通过系谱得出的只是期望的遗传关系,实际中可能因孟德尔抽样离差而失准;同时,对于一些低遗传力、受性别限制、不能早期测定、测定成本高以及测量难度大的性状,传统育种方法存在较大的局限[1]。

随着分子遗传学和数量遗传学的发展,畜禽育种逐渐聚焦到分子水平和基因组水平,即分子育种和基因组育种技术。分子育种技术主要为根据数量性状基因组(Quantitative Trait Locus,QTL)和单核苷酸多态性(SNP)的标记辅助选择技术,该技术广泛应用于水稻和小麦等农作物的育种中,但在畜禽育种中应用有限。随着畜禽基因组测序工作的相继完成,测序成本越来越低,加之计算机运算能力的不断提升,这为全新育种技术的发展创造了技术条件。在我国,基因组育种技术已在奶牛、生猪和肉鸡上大量应用。

(二) 基因组育种的原理是什么?

畜禽性状受一个或多个基因控制,尽管已证实存在一些主效基因,但很多性状的功能基因尚不明确,仍在探索之中。DNA 上存在大量的已知位置的 SNP 标记,它们和某些畜禽重要性状的基因存在一个或多个标记 LD(连锁不平衡)。由于每个 SNP 与主效基因间存在一个或多个 LD,多个 SNP 就可能在不同程度上解释同一个基因的效应,即通过已知 SNPs 的多态性和表型来估计其效应。假定影响数量性状的每一个 QTL 和基因芯片中的 SNPs 存在多个 LD,通过对全基因组范围内所有与 QTL 有关的 SNP 位点进行连锁检测,由参考群的表型估计出每个 SNPs 的效应,并根据其估计效应对候选群育种值进行估计,由此得到的育种值称为基因组育种值(Genomic Estimated Breeding Value,GEBV)。利用 SNP 分型和 SNP 效应预测育种值公式:

$$GEBV = m_1\hat{q}_1 + m_2\hat{q}_2 + m_3\hat{q}_3 + \cdots + m_p\hat{q}_p = \sum_{i=1}^{p} m_i\hat{q}_i$$

---

[1]　赵志达,张莉.基因组选择在绵羊育种中的应用[J].遗传,2019,41(04):293-303.

其中，m_i 表示第 i 位点的标记基因型，q_i 表示第 i 位点的标记效应值，p 表示标记数量。

拓展知识点

1. SNP 标记

SNP 即单核苷酸多态性，主要是指在基因组水平上由单个核苷酸的变异所引起的 DNA 序列多态性。

2. SNP 芯片

基因芯片，又称 DNA 微阵列（microarray），属于生物芯片的一种，是通过平面微细加工技术在固体芯片表面构建的微流体分析单元和系统。

3. BLUP

BLUP 即最佳线性无偏预测，利用动物模型 BLUP 方法可以估计各畜群、各场、各遗传组的固定效应和每头（只）种畜（禽）每个性状的育种值，据此可以评定各场的饲养管理水平，环境和畜禽的互作效应，根据育种值排队选种，计算遗传进展，分析遗传趋势等。

4. 育种值（BV）

育种值指种畜的种用价值。在数量遗传学中把决定数量性状的基因加性效应值定义为育种值，个体育种值的估计值叫作估计育种值（EBV）。通俗的理解就是某个体所具有的遗传优势，即它高于或低于群体平均数的部分。

5. 遗传图谱

遗传图谱也叫连锁遗传图谱（Genetic Linkage Map），是指基因或 DNA 分子标记在染色体水平上的相对位置与遗传距离，通常以基因或 DNA 片段在染色体交换过程中的重组频率来描述，单位为厘摩尔（cM）。例如两个基因或两个分子标记之间的遗传距离为 0.8 cM 表示减数分裂时的重组频率为 0.8%。这里的遗传距离指的是相对距离而不是染色体上的物理距离。两者的遗传距离越近，发生重组的概率就会越低，反之亦然。

数量性状是指表型呈现连续变化的性状，如株高抗病能力等容易受到多种因素的影响。控制数量性状的基因在基因组上的位置被称作数量性状基因组（QTL）。寻找 QTL 在染色体上的位置并估计其遗传效应，称作 QTL 定位（QTL mapping）。构建图谱需要有大量的分子标记作为辅助，传统的分子标记包括 RFLP（限制性片段长度多态性）、SSR（简单重复序列多态性）等。但是用这些标记去定位区间存在标记密度过低，构建费时费力等问题，所以逐渐被 SNP 标记给替代。利用全基因组重测序或简化基因组测序的方法得到高密度的 SNP 标记定位 QTL 已经成为主流。

6. 肉鸡全基因组选择育种联盟

该育种联盟由中国农业科学院北京畜牧兽医研究所、北京康普森生物技术有限公司、广东温氏南方家禽育种有限公司、江苏立华牧业股份有限公司等 8 家单位联合组成，致力于推动全基因组选择育种技术在肉鸡产业中的应用,为家禽产业培育更多肉鸡品种。

三　案例讨论

1. 组织形式:分组讨论,每位组员发言,最终结果由组长汇总。

2. 讨论问题:

(1) 基因组育种相对于传统育种有何优势?

(2) 研发具有自主知识产权的鸡 SNP 芯片有何重要意义?

(3) SNP 芯片有哪些用途?

(4) 你认为基因组育种前景如何?

(5) 如果你是肉鸡育种工作者,你更关心利用芯片提高哪些性状? 为什么?

四　案例总结

根据各小组讨论的结果,最终总结以 PPT 汇报完成。

五　课堂考核

1. 请根据本小组内各位同学的表现进行打分,每个单项满分 10 分,请结合实际给出 1～10 分的成绩,打分表格如下:

项目	参与度	表达能力	沟通能力	问题思考与分析能力	团队合作能力
分数					

2. 教师根据各小组组长的汇报内容进行打分,每个单项满分 10 分,请结合实际表现给出 1～10 分的成绩,打分表格如下:

项目	问题分析能力	结果呈现	表达能力	建议可行性	团队合作能力
分数					

注:第 1 部分为组内每位学生的个人得分,根据个人表现而定;第 2 部分为每个小组的成绩,每位组员会按照小组成绩得到一个分值,加上个人成绩为最终成绩。

第三节　中新鸭背后的"产学研结合"思维

一　案例简介[①]

我国是世界最大的肉鸭生产国和消费国,鸭肉消费量约占世界的 70%。2018 年,我国肉鸭总出栏量约 32 亿只,主要包括白羽肉鸭、麻羽肉鸭和番鸭三种品种,其中白羽肉鸭在市场的份额占 77.6%,是肉鸭市场的消费主体。2019 年 8 月 15 日,肉禽界发生了一件值得庆贺的事,由我国自主研发的肉鸭新品——"中新白羽肉鸭"正式对外发布。

（一）打破国外垄断

针对中国鸭肉消费需求培育肉鸭新品种。中国农业科学院北京畜牧研究所侯水生研究员介绍,中新白羽肉鸭是针对我国鸭肉食品消费需求和特点培育的肉鸭新品种,中国市场需要皮脂率低、适口性好、肌肉弹性较强、有嚼劲,具有高瘦肉率和饲料转化率,并且抗热应激、抗病性强的肉鸭品种。育种过程中,中新白羽肉鸭采用"模块"育种技术培育,引进中国农业科学院北京畜牧兽医研究所的北京鸭遗传资源,应用了肉鸭 RFI 选种技术、鸭活体不易度量形状的准确估测技术等常规育种技术,以及全基因组选择、蛋白组学基础等分子育种技术。培育出的中新白羽肉鸭配套系具有生长速度快,饲料转化率和瘦肉率高,生命力强的特点,其皮脂率低、肉质好,更加适合中国人的消费习惯。数据显示,42 日龄商品代"中新鸭"的体重 3 359 g,饲料与增重比为 1.85∶1,成活率高达 98.2%,瘦肉率 28.5%,皮脂率 18.4%。

中新白羽肉鸭的成功培育可大幅减少引种费用,并提升父母代养殖、商品代养殖、屠宰加工等全产业链各环节的效益。中新白羽肉鸭不但打破了国外品种在中国市场上的垄断,而且其生产性能已经达到或超过引进的肉鸭品种,有力地提升了我国肉鸭产业核心竞争力。在营养价值和食用品质方面都表现优秀的中新白羽肉鸭体重显著高于作为对照的市场主流品种,可提高养殖方收益。部分高价值分割产品单重提高,能够帮助屠宰企业获得更高收益。

此外,山东农业大学毛衍伟副教授的检测结果表明,中新白羽肉鸭的营养价值高,含有丰富、均衡的氨基酸、脂肪酸,特别是含有较多的必需氨基酸、儿童必需氨基酸、不饱和脂肪酸,有利于提高人类的营养和健康水平。中新白羽肉鸭具有优秀的食用品质,其肌内脂肪含量更高,有利于提高产鸭肉品质,这也意味着通过多种烹饪方式均可获得更好的风味。通过

[①] 人民网. 科企联合培育出白羽肉鸭新品种 "中新鸭"即将走上国人餐桌[EB/OL]. [2019-10-26]. https://baijiahao. baidu. com/s? id=1645718847510401630&wfr=spider&for=pc.

烹饪烤鸭、盐水鸭的对照测试表明,中新白羽肉鸭在嫩度、风味和多汁性等方面更具优势。《舌尖上的中国》《中国味道》美食顾问小宽老师从美食家的角度,介绍了中国烹饪鸭子的两大手法——炖煮和熏烤,中新白羽肉鸭具有烹饪多样性、高附加值和适合中国人口味的特点,在厨师测评中表现优秀。

(二)科技型全产业链

作为国内最大的肉禽全产业链供应商,新希望六和年供家禽 7 亿只,拥有屠宰规模、产业模式、产品结构以及品牌四个优势。公司屠宰规模在行业领先,完整产业链带来安全放心的食品,丰富的产品满足消费需求,原料供应获得极高的行业品牌认知度。公司以一体化思维打通禽产业链,共享产业价值。以统一供雏、统一供料、统一管理、统一防疫、统一回收的"五统一",与家庭农场共建命运共同体,实现产业链 100% 闭环、食品安全可控。

新希望六和以科技赋能全产业链。按照高标准建设商品养殖场,独创新型三层立体网养模式,实现养殖的规模化、自动化、标准化、专业化。屠宰厂实现自动化产业布局,生产加工、物流系统、管理调度、仓储系统、卫生清洁等全部自动化。营销端建立冷链闭环管理平台,实现信息化线上下单。公司联合事业伙伴,设计了多样化的消费场景和购买渠道。通过永辉、华润等商超伙伴,把新鲜的食材送上家庭餐桌。在京东、天猫、苏宁等线上平台开设店铺,提供更加便捷的购买体验。用安全优质的食材,为周黑鸭、海底捞、汉堡王等餐饮伙伴赋能。新希望六和打造了覆盖全产业链的食品安全管理体系和信息化追溯体系,全面推广"公司＋现代化农场"模式,提供科学、智能、环保、高效的系统解决方案,从源头建立食品安全管控体系。公司以数字化技术进行过程管控,建立了基于物联网技术、借鉴美国农业部的驻厂模式,由总部派驻人员依托信息化点检系统监控整个生产过程。通过多级检测系统,全程监管食品安全。除自身产业链内部推广外,新希望六和将通过与大型一条龙农牧企业和种禽饲养公司合作,将中新白羽肉鸭辐射至全国市场。

由此可见创新是第一生产力!

二　案例解析

(1)为何要培育白羽肉鸭新配套系?"畜牧发展,良种为先。"我国 2017 年的肉鸭出栏量超过 30 亿只,鸭肉年产量超过 700 万 t,是位于猪肉、鸡肉之后的第三大肉类产品,约占家禽肉类生产总量的1/3。我国华东、华中、华南、西南和华北部分地区的鸭肉类食品消费量巨大。北京烤鸭年加工消费量超过 1 亿只,广东、广西的"烧鸭"消费肉鸭 3 亿～4 亿只,南京"盐水鸭"类食品年产量消费量超过 2 亿只,四川、重庆、江西三省市居民的卤鸭、板鸭类食品的消费量超过 7 亿只。肉鸭产业初级产品总产值超过 1 000 亿元,是农民脱贫、农村经济发展的重要产业,也是我国人民优质动物性蛋白质营养的主要来源之一,对保障我国粮食与食品安全发挥着不可替代的作用。

然而，遗憾的是，这么庞大的生产量和消费量的肉鸭产品，它的核心种源却一直掌握在外国人的手中。长久以来，我国肉鸭养殖都不得不从外国引种，这也导致了中国肉鸭行业的发展受到严重的制约。我国肉鸭育种方面的空白也让国内肉鸭企业尝尽了长期被他人锁住命门之痛。可能很多人都不知道，在中国人的餐桌上最常见的肉鸭绝大多数是来自英国的樱桃谷鸭，我们为了获得纯正的祖代种付出了高昂的代价。以新希望六和为例，一只1日龄祖代种鸭引种费为500元，公司每年引种320～480单元（1单元为140只）的祖代种鸭，需要向樱桃谷公司支付引种费1 760万～2 640万元。另外，需要每年给合资方支付盈利的50％，使国外公司获得巨额垄断利润。

除了要承受高额的引种费，肉的品质也并不适合中国人的口味，引进的肉鸭品种都是按照欧美人口味设计的，其皮脂率高不适宜用于加工中国的传统美食，如盐水鸭、酱鸭、板鸭、卤鸭等食品，因而也限制了我国肉鸭产业的发展。

（2）"中新白羽肉鸭"培育成功的秘诀是什么？培育成功的秘诀是产学研结合，即科研院所与企业结合。为培育肉鸭新品种（配套系），中国农科院北京畜牧兽医研究所与新希望六和集团早在2012年就签署了《北京鸭遗传资源转让与肉鸭联合育种协议》，开启了中新白羽肉鸭的育种之路，承担起改写中国乃至世界肉鸭产业格局的历史使命。

其中，畜牧所侯水生研究员和他的育种团队早在20世纪90年代就开始了对肉鸭新品种的选育研究，并在2006年成功培育出具有自主知识产权的"Z型北京鸭瘦肉型配套系"，具有丰富的肉鸭育种经验和强大的科研实力。新希望六和拥有雄厚的资金和广阔的肉鸭市场。双方发挥各自强项，研究所的技术优势与企业的资金和市场优势拧成一股强势力量，实现强强联合，深入开展联合攻关和集成创新。双方合作后，经过6年的辛苦育种、不断优化品种性能。"为了达到饲料转化率高、瘦肉率高、皮脂率低这些选育目标，侯水生教授带领育种团队进行了大量的数据采集、对比、分析，建立了相应的数据模型。比如为保证商品代肉鸭具有最大杂交优势，以现有的4个专门化品系为基础，进行了大量不同杂交组合对比试验，并对试验数据进行分析，最终确定最优的杂交组合模式进行商品代繁育。"新希望六和股份有限公司总裁邓成说。

"中新白羽肉鸭"的培育模式是科企合作的典范。中国农业科学院北京畜牧兽医研究所在我国肉鸭育种工作中具有举足轻重的地位，是国家水禽产业体系首席科学家和技术研发中心的依托单位，肩负着肉鸭育种国家队的艰巨使命。新希望六和是国内领先的农牧企业，在国内肉鸭养殖和加工产业中名列前茅，白羽肉鸭配套系的完成就是双方精诚合作结出的硕果。

拓展知识点

1. 北京鸭

北京鸭有 400 多年的历史，早期伴随明朝迁都北上，漕运繁忙，船工携鸭捡拾散落稻米，将南方特有的小白鸭带到北京，久而久之，落户的小白鸭成为专一育肥的肉用型鸭种。清朝，北京鸭成为清宫御膳，后传至民间，北京烤鸭随之诞生，成为中华饮食文化之代表。北京鸭的现代育种开始于 20 世纪 50 年代，英国、美国的家族公司聘请遗传学家主持开始商业化育种。经过 30 多年的培育，形成适合规模化、工业化生产需求的商业品种樱桃谷鸭和枫叶鸭。中国的北京鸭育种工作开始于 20 世纪 60 年代，在中国农科院畜牧所和北京市畜牧兽医所的主持下开展工作，建立了两个血缘不同的北京鸭基础群。2019 年 11 月 15 日，北京鸭入选中国农业品牌目录。

2. 樱桃谷鸭

樱桃谷鸭（Cherry Valley Ducks）原产于英国樱桃谷鸭场，它是以北京鸭和埃里斯伯里鸭为亲本，经杂交选育而成的商用品种。中国于 20 世纪 80 年代开始引入，建立了祖代场，具有生长快、瘦肉率高、净肉率高和饲料转化率高以及抗病力强等优点，是世界著名的瘦肉型鸭。樱桃谷鸭全球市场占有率超过 70%，我国的市场占有率超过 80%。

在樱桃谷农场网站的企业历史简介里，看到其称自己养的鸭子为"Pekin-duck"。现在全世界的白色、生长速度快的大型鸭子都是北京鸭的后代，叫"Pekin-duck"或者叫"white-Pekin-duck"，没有"樱桃谷鸭"这种说法。但是中国人为了帮助英国人推广市场，为其起名叫作"樱桃谷鸭"。英国人至今还是习惯说"樱桃谷农场养的北京鸭"。

2017 年 9 月 11 日，中信农业和首农股份联合收购了英国樱桃谷农场 100% 的股权，樱桃谷鸭回家了！

3. 品种与配套系

畜禽新品种是指通过人工选育，主要遗传性状具备一致性和稳定性并具有一定经济价值的畜禽群体。配套系是指利用不同品种或种群之间杂种优势，用于生产商品群体的品种或种群的特定组合。

4. RFI

指标剩余采食量（Residual Feed Intake, RFI），指的是动物实际采食量与用于生长和维持需要的预测采食量之间的差值[RFI＝实际采食量－预测采食量（日增重、背膘厚、代谢体重）]。

三　案例讨论

1. 组织形式：分组讨论，每位组员发言，最终结果由组长汇总。

2. 讨论问题：

（1）你知道哪些鸭相关的产品（视频），请列举。

（2）你认为肉鸭育种应该关注哪些性状？

（3）"中新白羽肉鸭"新品种（配套系）的成功培育，具有哪些重要的意义？

（4）如果你是新希望六和肉鸭部负责人，你会如何推广"中新白羽肉鸭"新品种（配套系）？

（5）作为动物科学专业本科生，你认为我国肉鸭养殖和育种中存在哪些问题？有什么对策建议？

四　案例总结

根据各小组讨论的结果，最终总结以 PPT 汇报完成。

五　课堂考核

1. 请根据本小组内各位同学的表现进行打分，每个单项满分 10 分，请结合实际给出 1～10 分的成绩，打分表格如下：

项目	参与度	表达能力	沟通能力	问题思考与分析能力	团队合作能力
分数					

2. 教师根据各小组组长的汇报内容进行打分，每个单项满分 10 分，请结合实际表现给出 1～10 分的成绩，打分表格如下：

项目	问题分析能力	结果呈现	表达能力	建议可行性	团队合作能力
分数					

注：第 1 部分为组内每位学生的个人得分，根据个人表现而定；第 2 部分为每个小组的成绩，每位组员会按照小组成绩得到一个分值，加上个人成绩为最终成绩。

第六章/Chapter

动物生产中养殖模式的创新思维实训

本章主要介绍了动物生产中养殖模式方面的创新思维案例，以案例为中心展开创新思维的实训。

第一节 "优鲈1号"和白金丰产鲫的"混养"思维

一 案例简介

加州鲈在广东省佛山市已经形成在全国范围内的主养区,平均亩产2 500 kg,最高可超过5 000 kg,但是随之而来的是苗种种质退化和高密度养殖造成的养殖风险越来越高的问题。佛山市传统加州鲈混养鲫鱼模式,混养的鲫鱼品种是传统的加州鲈加传统鲫鱼,模式存在的问题较多:常常导致雌性鲫鱼因为怀卵产卵体质下降,新繁育出来的鲫鱼苗竞争池塘资源,严重影响养殖效果;鲫鱼生长速度不够快;加州鲈混养鲫鱼模式的配套技术还没有系统优化,造成加州鲈养殖池塘水质恶化,水体不稳定,容易发生病害或者吃料情况不太好。

加州鲈是中上层鱼类,鲫鱼是底层杂食性鱼类,无论养殖加州鲈投喂的是饲料还是冰鲜鱼,剩下的残饵和粪便都能提供给鲫鱼作为食物的来源,只要搭配合理就能节省饲料投入,一般可以控制10～20:1,达到互利共生、提高产量、增加效益的目的。加州鲈原是20世纪80年代自北美洲引进,经人工选育不断改良,尤其是珠江水产研究所选育的"优鲈1号"在2010年经过全国原种良种评审委员会认定,该品种耐低温,在珠三角地区冬季土池养殖可正常过冬。"优鲈1号"的生长速度显著提高,比普通加州鲈快17.8%～25.3%,经人工驯食可摄食配合饲料,池塘养殖亩产量可高达2 500 kg以上,增产减料效益明显。白金丰产鲫系由华南师范大学陈湘粦和赵俊教授团队开发,采用彭泽鲫做母本,尖鳍鲤做父本,通过雌核发育技术得到的子一代。选育工作从20世纪90年代开始,至2000年前后,这条鲫鱼的性状就比较稳定了。2016年第五届全国水产原良种审定委员会第三次会议审定通过了白金丰产鲫(白金鲫)等12个水产新品种,该品种1龄比普通鲫鱼生长速度快18%以上,体型接近野生鲫鱼,雌性比例达98%以上,个体均匀度高、体型好。与彭泽鲫相比,白金丰产鲫的体高适中(体长/体高=2.78),肉质味道更好,在市场上广受欢迎。两者结合混养不仅能为珠三角地区提供一种新的套养方案,还为珠三角乃至全国带来了高品质的新经济鱼类,满足人民追求优质健康的消费需求,从而为养殖户创造更大的价值[①]。

佛山市加州鲈与白金丰产鲫高效混养模式在全国是首创,是因地制宜的实践结果,兼具经济效益、社会效益和生态效益。

(1)经济效益。该模式在广东省佛山市示范推广超过2万亩。相比传统模式,通过不断优化新的推广模式,"优鲈1号"混养白金丰产鲫模式下的加州鲈平均亩产量能增加500 kg,鲫

---

① 韦木莲,黄龙,蒙烽,等."优鲈1号"和白金丰产鲫混养模式技术[J].农家参谋,2019(10):51-52.

鱼平均亩产量可增加 250 kg。

（2）社会效益。该模式提升了广东省佛山市各地区的加州鲈和鲫鱼养殖的良种覆盖率，促进"优鲈 1 号"和白金丰产鲫混养的健康安全养殖模式的推广应用，增加推广示范区域的渔民收入。

（3）生态效益。推广这种模式能够充分发挥鲫鱼底层鱼的作用，收集养殖剩饵，搅动池塘底部淤泥，改善池塘底部污染及缺氧环境。养殖加州鲈的过程持续使用高蛋白质饲料，残饵和粪便中未被吸收的蛋白质分解将迅速增加水中的氨和亚硝酸盐的含量，恶化水质。通过养殖期间投喂低蛋白的植物性饲料（如麦芽等），提高碳氮比（N/C），有效降低氨氮、亚硝酸盐等含氮有害水质指标，保障主养品种的养殖顺利，减少换水量，排放的养殖尾水不会给环境增加负担，取得了养殖效益、养殖环境、食品安全三丰收。

二　案例解析

（1）为何选择"优鲈 1 号"和白金丰产鲫进行套养？

加州鲈是中上层鱼类，鲫鱼是底层杂食性鱼类，无论养殖加州鲈投喂的是饲料还是冰鲜鱼，剩下的残饵和粪便都能提供给鲫鱼作为食物的来源。鲫鱼是底栖鱼类，不和中上层的鲈鱼抢食，而鲈鱼吃剩的残饵、碎屑能被鲫鱼摄食，如此能够充分利用饵料，减缓了鲈鱼大量投喂剩饵、粪便对底质的污染。

（2）混养模式相对于精养模式有何优劣？

① 充分合理地利用养殖水体与饵料资源。我国目前养殖的食用鱼，其栖息生活的水层有所不同，鲢、鳙鱼生活在水体的上层，草鱼、团头鲂生活在水体的中下层，而青、鲤、鲫鱼则生活在水体的底层。将这些鱼类按照一定比例组合在一起，同池养殖，就能充分利用养殖水体空间，充分发挥池塘养鱼生产潜力[1]。

我国池塘养鱼使用的饵料，既有浮游生物、底栖生物、各种水旱草，又有人工投喂的谷物饲料和各种动物性饵料。这些饵料投下池后，主要为青、草、鲤鱼所摄食，碎屑及颗粒较小的饵料又可被团头鲂、鲫鱼以及多种幼鱼所摄食，而鱼类粪便又可培养大量浮游生物，供鲢、鳙鱼摄食，因此混养池饵料的利用率较高。

② 可以充分发挥养殖鱼类共生互利的优势。我国的常规养殖鱼类多数都具有共生互利的作用。如青、草、鲂、鲤鱼等吃剩的残饵和排泄的粪便，可以用来培养大量浮游生物，使水质变肥。鲢、鳙鱼则以浮游生物为食，控制水体中浮游生物的数量，又改善了水质条件，可促进青、草、鲂、鲤鱼生长。鲤、鲫、罗非鱼等，不仅可充分利用池中的饵料，而且通过他们的觅食活动，翻动底泥和搅动水层，可起到增加溶氧的作用，促进池底有机物的分解和营养盐

---

① 刘志华，陈士良.池塘养鱼的混养模式[J].中国畜牧兽医文摘,2013,29(03):84.

类的循环。

③ 降低成本,增加效益。多种品种的鱼、多种规格的鱼同池混养,不仅可以充分利用水体、饵料,而且病害少、产量高,从而降低了养殖成本,增加了经济收入。

三　案例讨论

1. 组织形式:分组讨论,每位组员发言,最后结果由组长汇总。

2. 讨论问题:

(1) 养殖模式创新在水产养殖中的意义是什么?

(2) 有没有其他形式的养殖模式创新?

四　案例总结

根据各小组讨论的结果,最终总结以 PPT 汇报完成。

五　课堂考核

1. 请根据本小组内各位同学的表现进行打分,每个单项满分 10 分,请结合实际给出 1~10 分的成绩,打分表格如下:

项目	参与度	表达能力	沟通能力	问题思考与分析能力	团队合作能力
分数					

2. 教师根据各小组组长的汇报内容进行打分,每个单项满分 10 分,请结合实际表现给出 1~10 分的成绩,打分表格如下:

项目	问题分析能力	结果呈现	表达能力	建议可行性	团队合作能力
分数					

注:第 1 部分为组内每位学生的个人得分,根据个人表现而定;第 2 部分为每个小组的成绩,每位组员会按照小组成绩得到一个分值,加上个人成绩为最终成绩。

第二节　环保新能源政策下的"渔光一体"思维

一　案例简介

2013 年底,为积极响应国家大力发展环保新能源的政策,通威股份深入调研国内外发展现状,组建研究小组,设计、攻关"渔光一体"模拟养殖试验系统,模拟太阳能电站对养殖的影响研究,首创"渔光一体"模式。经过近2年的专研,通威股份"渔光一体"项目已取得初步成效,首个示范性工程项目江苏如东"渔光一体"高效智能水产科技园正在紧锣密鼓地筹建中。

2015年6月15、16日,国务院特殊津贴专家、通威股份设施渔业工程研究所名誉所长吴宗文受邀参加在北京举行的第五届全球智能电网(中国)峰会、第五届全球分布式能源及储能(中国峰会)、2015中国国际电力及清洁能源合作论坛。会上,通威股份"渔光一体"发展现状及研究报告震惊四座,获得一致推崇。同年9月20日,集团总裁发布了"互联网+渔光一体"战略。

我国东南部地区是电力的负荷中心,发展光伏电站一般不存在并网和消纳的问题,但由于人口密度高,土地资源稀缺,无法和西部地区一样发展大型地面光伏电站,因此分布式光伏成为东部地区的首选。

随着企业的不断创新和发展,与农业相结合的分布式光伏应运而生,即农业光伏大棚。而通威股份在集成、创新的基础上,提出了以水产养殖为基础,在池塘、水库、沿海滩涂地区架设光伏组件,形成"上可发电、下可养鱼"的养殖模式。水下养殖和水上发电作业同时进行,可实现渔业增产和节能减排两不误。其渔光互补、一地两用的特点,能够极大提高单位面积土地的经济价值,这正是土地稀有地区最为适合的一种光伏电站建设类型。

所谓"渔光一体"电站,是在用电负荷高、利用水产养殖集中,且属三类以上光伏效能地区的丰富池塘水面及塘埂资源,开发建设光伏发电项目,采用"水上发电、水下养鱼"的创新模式,实现多产业的互补发展。"渔光一体"电站具有综合利用土地、提高土地附加值的特点,实现了互利共赢,提高了单位面积土地的经济价值,并促进了我国环境保护和生态建设的发展。

经过通威股份设施渔业工程研究所的长期试验证明,通威股份"渔光一体"鱼塘每亩利润与未安装光伏发电组件鱼塘比较,经济效益可以提高3倍以上。此外,"渔光一体"鱼塘由于能有效控制养殖水体水温、pH值,搭配池塘底排污、节水循环等系统,以及电化水杀菌、复合增氧、风送式自动投饵、水质在线智能监测等现代渔业设施,能够保持良好生态环境,持续产出优质水产品,实现鱼、电"丰收"[①]。

据专家测算,我国共拥有养殖水面高达1.2亿亩,若将其中4 500万亩精养鱼塘建成"渔光一体"电站,功率将达1 200～1 500 GW,相当于2015年全国发电装机总量,年发电收入高达1.2万亿～1.5万亿元。以江苏如东"渔光一体"示范基地为例,该项目占地面积2 720亩,目前开发的第一期共500亩,养殖面积364亩,分为1个蓄水沉淀池、3个养殖池、1个人

---

① 梁勤朗."渔光一体"模式助推现代渔业转型升级[J].科学养鱼,2016(10):13-15.

工湿地,共安装光伏组件 40 656 块。一期建设的 10 MW 光伏电站投入 1.1 亿元,每年的发电量约为 1.3×10^7 kW·h;二期 2 720 亩建成后功率共计 80 MW,预计总投入 6.5 亿元。光照较好时,日发电量能达到 7.8×10^4 kW·h,一期工程已经累计发电 3.8×10^6 kW·h,除去自用电,95% 的电能都输送到国家电网的线路上。

二 案例解析

(一) 通威股份"渔光一体"电站选址应满足哪些条件?

1. 近 20 年用电负荷年增幅较大且现有负荷缺口大,收购电价高(近 5 年在 1 元以上);

2. Ⅰ、Ⅱ 或 Ⅲ 优势光照资源区;

3. 水位达到 50 年一遇洪水最高水位时,光伏组件不被淹没;

4. 项目所在地与变电站的距离在 5 km 以内;

5. 项目所在地水源充足且符合国家渔业水质标准。

综上,"渔光一体"电站选址时,应综合考虑电网接入(项目池塘 5 km 之内最好要有变电站)、水源条件、周围有无化工厂等,上网发电与渔业养殖兼备条件。同时,在"渔光一体"的鱼塘内养鱼,要处理好水质,另外池塘塘底最好设置一定的坡度(0.2%~0.7%),预留 25%~50% 的面积作为深水养鱼区,浅水区安装光伏组件。规划蓄水净化池、排污沉淀池、人工湿地、底排污、智能养殖设施,最终实现零污染、零排放的智能渔业养殖小区。

(二) 为什么要大力推行"渔光一体"?

1. 光资源方面:随着全球能源短缺和环境污染问题日益严重,光伏产业因其清洁、安全、便利、高效等特点,已成为世界各国普遍关注和重点发展的新兴产业。近年来,我国能源结构优化、调整不断深入,国家有关部委相继出台相关支持政策,完善相关配套措施,促进新能源产业的健康发展,光伏产业作为国家新能源战略的重要支柱,迎来了重要发展机遇。2015 年全国新增光伏电站建设规模 20 000 MW,占全球总装机容量的 33%,已经成为全球第一大光伏应用市场。

国家及地方对光伏应用政策扶持力度的逐步加强,使光伏电站业务发展成为光伏行业新的利润增长点。根据国家及地方产业政策、行业发展状况以及自身的业务基础,积极进入光伏电站领域,是通威股份实施新能源发展战略的重要举措。

2. 水产养殖方面:水产养殖总量虽然在减,但是发展速度非常快。可以充分利用河流及水库资源,依托先进技术,大力发展水产养殖。国内大多数地区水产养殖基础薄弱:一是养殖面积少,二是养殖技术相对落后,三是没有规模化养殖场,四是缺少大型专业化的企业投资。各个地区鱼价差异很大,水产养殖有巨大的发展潜力,只要提高养殖技术,降低成本,养殖效益相当可观。

三　案例讨论

1. 组织形式:分组讨论,每位组员发言,最终结果由组长汇总。

2. 讨论问题:

(1)"渔光一体"养殖模式适合养殖什么水产经济物种?

(2)"渔光一体"养殖模式的局限可能会是哪几个方面?

(3)"渔光一体"还可以做到哪些方面的创新?

(4)"渔光一体"养殖模式存在哪些问题需要改进?

(5)你对"渔光一体"养殖模式存在的问题有什么对策和建议?

(6)你认为"渔光一体"电站选址应满足哪些条件?

(7)池塘建设"渔光一体"后如何避免对水产养殖的影响?

四　案例总结

根据各小组讨论的结果,最终总结以 PPT 汇报完成。

五　课堂考核

1. 请根据本小组内各位同学的表现进行打分,每个单项满分 10 分,请结合实际给出 1～10 分的成绩,打分表格如下:

项目	参与度	表达能力	沟通能力	问题思考与分析能力	团队合作能力
分数					

2. 教师根据各小组组长的汇报内容进行打分,每个单项满分 10 分,请结合实际表现给出 1～10 分的成绩,打分表格如下:

项目	问题分析能力	结果呈现	表达能力	建议可行性	团队合作能力
分数					

注:第 1 部分为组内每位学生的个人得分,根据个人表现而定;第 2 部分为每个小组的成绩,每位组员会按照小组成绩得到一个分值,加上个人成绩为最终成绩。

第三节　净化水环境的"循环养殖"思维

一　案例简介

近年来我国沿海及内陆各地基本上实行粗放型传统的养殖模式,尤其对养殖废、污水的排放,大多数是采取直排或初步沉淀处理后排放等方式,其对周边海域或江河湖的水环境造成较大影响,水域的生态环境也逐渐失衡。为有效地控制养殖废水的排放,保护生态环境,减少海洋、江河溪湖等水质的破坏,提高养殖水资源的充分和有效利用,行业内大力推行工业化循环水养殖系统(Industrialized Recirculating Aquaculture System,IRAS)模式,其具有高产、高效、资源节约、环境友好等优点,是现代渔业发展的必然趋势。自 2003 年国产的循环水系统在养殖上获得应用至今,经过多年的发展,国内循环水养殖技术取得一定进步和突破。尤其是 2012 年以来,国内工业化循环水养殖获得快速发展,主要得益于政府的引导和支持,以及循环水养殖普遍受到生产企业的关注[①]。

国内生产的养殖循环水系统五花八门,但其大部分都是依据国外循环水系统进行设计并使用相关设备,水处理工艺复杂。在循环水养殖中,系统运行的稳定性和系统总水量的平衡、生物滤池维护、过滤设备、投喂策略、养殖密度、水质检测、疾病的预防都是息息相关的。据近年来尝试工厂化养殖的用户反映,由于水循环系统大量使用了如微滤机等用电设备,能耗偏高,运行成本相对较高。

工厂化循环水养殖采用高密度精养方式,养殖的都是高附加值鱼虾蟹类,相较传统的池塘养殖,在水质调节与监控、放养密度、饲料投喂时间、投喂量、病害预防等方面区别较大。传统的池塘药剂调水法等不适用于工厂化循环水养殖。在高密度工厂化养殖环境下,饲料投喂用量控制非常重要,过多的饲料残饵在水中分解出氨氮、亚硝酸盐等,会造成水质污染,为一些细菌的繁殖提供有利条件,引起病害的发生。

国内循环水养殖一般都会选择鲽鲆类(大鳞鲆/多宝鱼、半滑舌鳎、牙鲆、欧鲽、东星斑等)、对虾类(南美白对虾等)、蟹类以及其他海洋水产品等。

目前循环水养殖确实存在着一些问题,在一些技术等方面还不成熟,但这是未来的趋势,是未来水产养殖的发展方向。尽管目前循环水系统存在价格高、技术复杂等问题,但是毋庸置疑,其产量高、易于管理、不受季节变化的限制、自动化、无污染、效益好等特点,是符

---

① 符致德,张光超,吴翔宇,等. 一种养殖用水循环处理系统构建:以海南省某一养殖场装置循环水处理系统为例[J]. 中国科技信息,2017(23):102-104.

合我国未来水产养殖业的发展方向的。

二 案例解析

（一）装置循环水处理系统的场地条件

该良种场中主要从事养殖生产的设施有孵化育苗车间、培育车间、藻类饵料培养车间。孵化育苗车间内设有 8 个水泥池,每个池的规格为 9.5 m×9.4 m×1.5 m,其水体总容积约为 1 070 m³;培育车间设有 24 个水泥池,每个池的规格为 4.6 m×4.4 m×1.2 m,其水体总容积为 580 m³;藻类饵料培养车间内设有 10 个培养水泥池,每个规格为 6.5 m×3.8 m×1.2 m,其水体总容积约为 296 m³。孵化育苗车间和培育车间相对平行临近而建,此两个车间相隔一个长 43 m,宽 5.4 m 的走廊。藻类饵料培养车间距离孵化育苗车间和培育车间 80 m,场里的蓄水过滤池深 30 m,蓄水过滤池至孵化育苗车间和培育车间有 150 m 的距离。

（二）装置循环水处理系统设计思路与布局

由于到孵化育苗车间、培育车间与场里的蓄水过滤池距离较远,应从拟建循环水设备间、集水池到养殖车间的距离长短和循环水管路线回水的流畅程度、施工操作便利性、安装和养护成本、装置循环水设备处理水量的功能等因素综合考虑。将循环水系统中的 2 个集水池和 2 个设备间建在孵化育苗和培育两车间的相隔路道间,藻类饵料培养车间旁配套建有 1 个集水池和 1 个设备间。

（三）配套建安工程的相关要求

设计方案中要求配套的建安工程的建设内容主要包括:建 3 个集水池(分别标为集水池一、集水池二、集水池三),3 间循环水设备房(分别为设备间一、设备间二、设备间三),孵化育苗池池底的加高改造、孵化育苗和培育两个车间的排水系统(包括建集水井和安埋排水管和池表面的进水管),建 1 个初步净化蓄容池和配套建有整个循环水处理系统车间绿化工程等。

三 案例讨论

1. 组织形式:分组讨论,每位组员发言,最终结果由组长汇总。

2. 讨论问题:

（1）如何在实际生产中合理地在循环水处理系统基础上与自动控制相结合应用?

（2）循环水处理设备功能和工艺流程、技术路线的创新点有哪些?

（3）在特殊环境条件下,循环水处理系统的安装有哪些注意点?

（4）如何推广循环水处理系统?

四　案例总结

根据各小组讨论的结果,最终总结以 PPT 汇报完成。

五　课堂考核

1. 请根据本小组内各位同学的表现进行打分,每个单项满分 10 分,请结合实际给出 1~10 分的成绩,打分表格如下:

项目	参与度	表达能力	沟通能力	问题思考与分析能力	团队合作能力
分数					

2. 教师根据各小组组长的汇报内容进行打分,每个单项满分 10 分,请结合实际表现给出 1~10 分的成绩,打分表格如下:

项目	问题分析能力	结果呈现	表达能力	建议可行性	团队合作能力
分数					

注:第 1 部分为组内每位学生的个人得分,根据个人表现而定;第 2 部分为每个小组的成绩,每位组员会按照小组成绩得到一个分值,加上个人成绩为最终成绩。

第四节　水产养殖理念革新中的"集装箱"思维

一　案例简介

集装箱循环水养殖技术模式是渔业供给侧结构性改革过程中出现的一种生态养殖新模式,是生态养鱼和集约化养鱼的技术集成,是水产养殖理念的再一次革新。系统运营采用循环模式,不外排废物废水,与生态农业、鱼菜共生等相结合,残饵、粪便资源化利用,可实现清洁生产零污染。集装箱循环水养殖技术解决水产养殖的自身污染问题,消耗能源和水土资源等根本问题,同时又做到化废为宝,增加养殖户的经济效益,具有较高的社会效益、经济效益和生态效益。

池塘养殖是黑龙江省重要的水产养殖方式,2016 年全省水产养殖面积 589.08 万亩,养殖产量 57.29 万 t,其中池塘养殖面积 158.24 万亩,养殖产量 36.75 万 t,占全省水产养殖总面积的 26.86% 及产量的 64.15%。自 20 世纪 80 年代中期,配合颗粒饲料驯化养鱼技术推广以来,池塘养殖单产大幅度提高,为渔民增收做出了一定的贡献。但随之而来的是养殖鱼类排泄物大幅度增加,导致水体富营养化,水质恶化,鱼类病害频发,给渔民造成了很大的经济损失[①]。养殖风险增高、病害增多、水产品质量安全隐患增加、环境效益和质量效益降低等问题已严重制约了水产养殖业的可持续发展,亟须在水产养殖转型升级上下功夫。通过示范推广集装箱循环水养殖模式,对修复严重退化的池塘养殖系统,构建资源节约、环境友好、质效双增的现代渔业有着重大意义,是改变现状的重要措施[②]。

集装箱式水产养殖模式创新性地以标准定制的集装箱为载体,通过应用控温、控水、控苗、控料、控菌、控藻等先进技术,有效控制箱体内的养殖环境和养殖过程,实现受控式生态循环养殖,主要有与池塘联动的"陆基推水式"和全循环利用的"一拖二式"两大主导模式。

二　案例解析

(一)集装箱循环水养殖的特点有哪些?

第一,集装箱内水的流动性较大,鱼一直处于游动状态,能量消耗较多,所以长得比较慢。但是箱内水体亚硝酸盐、氨氮含量低,溶氧量高,鱼的体质相对较好。正因为鱼时时处于快速游动状态,因此集装箱养鱼效率惊人,产量是传统鱼塘养殖模式的10倍左右。

第二,除了水产养殖效率提高外,集装箱养鱼还可以集中收集鱼的粪便,然后运到农田进行二次利用,减少养殖污染。

第三,相比池塘养殖,集装箱内水体流动性强,鱼类发病率低,捕捞成本也大大下降,收鱼时,只需降低水位,两名工人在出鱼口即可完成收鱼工作[③]。

(二)集装箱循环水养殖的优势有哪些?

第一,养殖模式科技含量高,集装箱内的养殖环境可以完全不受外界影响,达到养殖水体温度、溶解氧、氨氮、pH等各项指标的可控性。

第二,养殖区占地少,不需要新开挖鱼塘,不改变原来的土地地貌和用途,节约用地。每个集装箱里养的鱼都是一套单独的系统,管理上科学规范,并且节省劳力,特别适宜山地内陆地区的渔业发展。

第三,实现了养殖废水和废弃物的零排放,减少了养殖过程中有机物的污染,保证了水产品质量安全,生态效益明显。

第四,抗灾害,抵御自然灾害能力强。箱式推水养殖技术可以有效地抵御台风、洪水、高温和寒潮。

---

①　朱泽闻,舒锐,谢骏.集装箱式水产养殖模式发展现状分析及对策建议[J].中国水产,2019(04):28－30.
②　刘波.集装箱循环水养殖技术[J].黑龙江水产,2019(2):33－35.
③　向洋,丁德明.新型现代水产生态养殖模式[J].湖南农业,2018(09):18－19.

第五，在箱式设备里进行高密度水产养殖，可集中投喂，精准控制，与传统池塘养殖相比，可减少全池洒料产生的浪费。

第六，建设周期短，移动性强，安装简单，能够迅速形成生产力。

第七，由于箱式推水养殖换水量大、水质好，因此病害发生的概率相对大大减少；容易观察，可提前做好病害防控；另外，养殖区域集中，病害防治的用药量也大大减少。

（三）集装箱循环水养殖的鱼种放养有哪些要求和工作？

1. 养殖品种

一般情况下，所有能摄食膨化浮性饲料、适应于高密度集约化养殖的鱼类都可以在集装箱中养殖，通常包括草鱼、鲤鱼、鲫鱼、罗非鱼、黄颡鱼、斑点叉尾鮰、团头鲂、乌鳢、加州鲈等。池塘净化区通常放养滤食性鱼类，搭配少量肉食性鱼，但不投放任何营养物质。同时也可以种植水生植物和蔬菜等，以帮助净化水质。

2. 鱼种放养前的准备工作

新建的集装箱循环水养鱼系统在放养鱼种之前要进行试运行，检查注、排水设备和微孔增氧设备的运行情况、水体交换状况、进水和排水、排污设施是否达到设计要求。要认真做好消毒工作，在池塘注水之前要用生石灰全池消毒，这样不仅可以杀灭池中的野杂小鱼及有害生物，而且可消灭鱼类的致病细菌、寄生虫等。池塘注水后再用消毒剂进行全池泼洒消毒，确保池水在放养鱼种前是干净、安全、可靠的。另外，播撒鱼种前 $1\sim2$ 天需进行箱体消毒。

3. 鱼种质量和数量

鱼种的质量和数量是集装箱循环水养殖技术取得成功的关键因素一。放养的鱼种除了具有较好的遗传性状外，要选择规格整齐、体质健壮、体表完整、无畸形、无病、无伤的鱼种放养。要想获得高产，还必须有足够数量的鱼种。在不同的箱体中可以养殖不同品种、不同规格的鱼种，避免养殖单一品种的市场风险，做到均匀上市，加速资金的周转。

拓展知识点

1. 推水养殖系统

推水养殖系统是以水边陆地为依托，采用集装箱系统对鱼类进行集中饲养管理。过程中产生的养殖污水预先经过过滤分离，再利用池塘水体的自我净化能力，实现有害物质降解。然后将池塘水抽回集装箱体内，完成循环再利用。陆基推水系统通常以池塘水体、湖泊水体为基础，在水体附近配套建设适当数量、容量的集装箱系统，构成开放水面和集装箱封闭空间共存的局面。

2. 一拖二养殖系统

一拖二养殖系统是指由一个处理箱和两个养殖箱所组成的养殖系统，处理箱位于两个养殖箱中间,三位一体实现全封闭式循环水养殖。处理箱包含物理过滤、生物净化、臭氧杀菌等系统组件。首先通过物理过滤设备对养殖污水中的粪便、残余饵料等杂质进行过滤,然后经过微生物净化,对溶于水中的有害物质进行生物分解,经过杀菌后进入养殖箱体,实现养殖水体的循环再利用,养殖全程可以实现污水零排放。

三　案例讨论

1. 组织形式:分组讨论,每位组员发言,最终结果由组长汇总。

2. 讨论问题:

(1) 如何优化集装箱循环水养殖技术模式?

(2) 如何完善产业配套,做到生产销售一体化?

(3) 如何加强品牌宣传,让更多人知道这种绿色方便的养殖模式?

(4) 你觉得集装箱循环水养殖技术的发展意义是什么?

(5) 你觉得这一养殖技术还存在什么缺陷吗,有什么解决方法?

四　案例总结

根据各小组讨论的结果,最终总结以 PPT 汇报完成。

五　课堂考核

1. 请根据本小组内各位同学的表现进行打分,每个单项满分 10 分,请结合实际给出 1～10 分的成绩,打分表格如下:

项目	参与度	表达能力	沟通能力	问题思考与分析能力	团队合作能力
分数					

2. 教师根据各小组组长的汇报内容进行打分,每个单项满分 10 分,请结合实际表现给出 1～10 分的成绩,打分表格如下:

项目	问题分析能力	结果呈现	表达能力	建议可行性	团队合作能力
分数					

注:第 1 部分为组内每位学生的个人得分,根据个人表现而定;第 2 部分为每个小组的成绩,每位组员会按照小组成绩得到一个分值,加上个人成绩为最终成绩。

第五节　五水共治背景下的"水禽旱养"思维

一　案例简介

　　我国是世界第一水禽生产国,水禽产业提供了肉、蛋和羽绒三种不同类型的产品,这三种不同类型的产品都具有极高的经济价值。2018 年,我国的肉鸭出栏量大约是 35 亿只,鸭肉产量为 700 万 t 左右[1],鹅肉产量约为 150 万 t,鸭肉和鹅肉的累计产量占了我国肉类总产量的 10% 左右。随着技术的提升,水禽养殖方式也正由"粗放向环境友好"的方向转型升级。在过去的 20 年到 30 年期间,我国的水禽产业取得了巨大的进步,不论是在品种、养殖技术、饲料方面,还是在食品加工方面,都取得了一系列巨大的进步。

　　在浙江的浙东一带,把鸭群放到溪流里散养,仍然是养鸭人的主流做法。但这种传统的养鸭方式容易造成水体污染,在浙江省推进"五水共治"的政策号召下,越来越不合时宜。近年来,浙江省越来越多的养鸭人开始尝试"水禽旱养"的养殖模式,成效明显。

　　王建胜[2]是宁海县大沙湾麻鸭养殖专业合作社理事长,2008 年开始养鸭,之前一直采取传统的散养模式。2014 年年初,合作社响应"五水共治"号召,投资 30 万元兴建宁海首家标准化水禽旱养养鸭场。一年下来,合作社不但养殖规模扩大,而且日常管理的成本大幅降低,利润也水涨船高。起初是完成一项"政治任务",没想到最终带来了可观的经济效益。

　　乍一看,水禽旱养养鸭场与养鸡场差不多,8 亩地里,既有鸭棚也有供鸭群活动的空地。不过,为了顾及鸭子喜水的习性,养鸭场划出一半空地建成沐浴池,鸭棚里也安装了喷淋设施。早上 10 点,饲养员打开鸭棚的笼子,放鸭群进入沐浴池自由活动,下午两三点钟再把它们赶进鸭棚。

　　"养殖污染得到了有效控制,很环保,还实现了农业循环。"王建胜介绍,鸭群在沐浴池里产生的排泄物通过下水道进入化粪池,处理后抽到附近山上,为 200 多亩柑橘树、毛竹、松树等经济林木添加有机肥。另一部分排泄物,则提供给附近的水产养殖塘作为饲料。这对同时经营着山林和养殖塘的王建胜来说,能省下不少施肥成本。

　　保护溪流不受污染只是水禽旱养所能产生的社会效益,养鸭人更看重新模式带来的经济效益。"过去赶鸭子进河,一头一尾需要两个小工,现在不需要了,一年就能省下 7 万多元人工成本。"王建胜告诉笔者,这是"节流"的好处。麻鸭在外散养,体力消耗大,产蛋率不高,

---

①　还在水养鸭鹅? 首席科学家说,旱养模式效益高又环保[J].农村科学实验,2019(07):24 - 25.
②　余方觉,陈云松.王建胜:水禽旱养　清河富农[J].新农村,2015(02):19.

而且,不少鸭蛋下到河里还难以回收,这些问题都随着水禽旱养得以解决。

省下的成本用于购买更优质的饲料。王建胜表示,过去把鸭子放在溪流散养时,合作社用的鸭饲料是啤酒渣,鸭子吃了容易拉肚子,现在采用全价配合颗粒饲料,既减少了饲料浪费,也有利于鸭群的健康①。

由于建立起标准化的饲养及疾病防控体系,合作社的养殖规模从过去的存栏 700 只增加到今年的 1.4 万只。同时,麻鸭的饲料转化率提高了 6%,产蛋率提高了 2%,疫病率降低了 5%。现在,王建胜的养鸭场一年出栏 5 万只鸭,平均每天产蛋近 1 t。据他估算,通过水禽旱养带来的成本降低和利润增加,加起来差不多有 15 万元。王建胜说:"对于我这个规模的养鸭场来说,效益已经很不错了。"

过去人们将"赶鸭子上架"比喻为被迫做力所不及的事情,现在,"赶鸭子上岸"养殖模式逐渐推广,浙江省案例仅是我国水禽旱养的一个缩影。

二　案例解析

(一)为何实施水禽旱养?

我国是世界第一水禽生产大国,目前,我国鸭、鹅存栏量、屠宰量、肉产量、蛋产量等均居世界首位。但我国水禽饲养设施水平比较落后,在我国,水禽饲养都是采用水域放牧或池塘半放养的方式,设施简陋。随着规模养殖的不断发展,这种饲养方式会造成水禽对水域的生物压力较大,近而产生污染。近年来,水域受多种污染源污染,水质下降严重,以及水域资源的减少、水域禁限养区的设定、家禽疫病风险增大,都使水禽养殖的发展区域受到极大的影响,水禽养殖的水域条件已成为不少地方发展水禽养殖的主要制约因素之一。

传统的饲养方式不仅会造成水禽粪便对水源的污染,产生严重的公共卫生安全问题,也会造成一些传染病的传播,危害人和畜禽的生活环境。同时不良的饲养环境又对放养其中水禽的健康产生危害,使水禽存在着严重的安全隐患,也无法保障水禽产品的质量安全。水禽旱养,即是将水禽养殖从自然水面转移到陆地,利用人工提供饮水和少量梳理羽毛或嬉戏用水进行养殖,并逐步建立污水处理系统,避免养殖粪污对外河水质污染的养殖方式。

(二)水禽旱养的优点有哪些?

相较于传统养殖方式,水禽旱养不但能显著降低水禽的发病率和死亡率,减少用药成本,提高饲料报酬和产蛋、产肉等生产性能,而且能降低水禽养殖对水域的依赖程度,破解目前因水质下降、水域资源减少、水域禁限养等因素对水禽养殖业发展的制约。

---

① 应国方. 尝试"水禽旱养"养殖模式:清了河水 富了鸭农[EB/OL]. [2019-02-01]. http://news. cnnb. com. cn/system/2014/12/24/008232489. shtml.

（三）水禽旱养有哪些模式？

水禽旱养，主要用来代替我们过去的水养，这种离水旱养的模式主要是把鸭、鹅集中在全室内饲养，其中包括两种，一种是网上饲养，另一种是厚垫料饲养。网上饲养就是把鸭子或者鹅放在网上，它的生活、采食、饮水等都是在网上来进行的，它的粪便通过网落到地面上，随时被清理走，水禽舍内的环境能够得到非常有效的控制。这种全室内密闭的饲养方式，实现了高度自动化，室内的环境指标能够满足水禽的需要。厚垫料饲养就是用大量的稻壳用作水禽舍内的垫料，这种垫料具有很好的吸水性，能够为鸭、鹅提供良好舒适的环境，同时，在厚垫料中加入有益微生物，使其利用营养物质进行发酵生长和繁殖。同时，微生物发酵产热以维持鸭舍温度，还可以将粪便中的营养物质转化为有益微生物供鸭食用，既能促进鸭健康生长，又可提高饲料转化率，排泄物能够经过翻动以后发酵转变为有机肥。

拓展知识点

1. 我国主要水禽品种

我国是世界上水禽遗传资源最丰富的国家之一。根据第二次全国畜禽遗传资源调查，共有地方鸭品种 32 个、鹅品种 30 个。我国水禽遗传资源不仅数量众多，而且类型齐全、种质特性各异。鸭按用途不同分为肉用、蛋用和肉蛋兼用型。肉鸭主要包括北京鸭、花边鸭、临武鸭、吉安红麻鸭，蛋鸭主要包括绍兴鸭、金定鸭、山麻鸭、攸县麻鸭等，肉蛋兼用型鸭主要包括高邮鸭、建昌鸭、巢湖鸭等。鹅按体型大小分为大型、中型和小型三类。大型鹅主要代表为狮头鹅，中型鹅代表为溆浦鹅、皖西白鹅、雁鹅，小型鹅代表为乌鬃鹅、太湖鹅。

2. 传统水禽养殖模式

（1）鸭的养殖模式

稻田养鸭：稻田养鸭是由水面养鸭演变而来。20 世纪 90 年代以来，该技术在日本、韩国、越南、缅甸、菲律宾和马来西亚等一些亚洲国家与地区得到进一步完善和广泛应用。稻田养鸭是一种粗放的养殖模式，更接近野生状态，所选择的品种鸭要求生命力旺盛，适应性广，抗逆性强。这种养殖模式利于鸭捕食稻田内的杂草和害虫等。

鸭鱼联合生产：鸭鱼联合生产的养殖模式是我国南方水多的省份较常见的养殖模式，是我国鱼畜综合经营中的最佳模式之一。鸭鱼共养是充分利用水资源的畜牧生产模式：一般在鱼塘或者是水库岸边建造一个简单的开放式或半开放式鸭舍，在鸭舍和水面间建造一个运动场，并在水上围出一定范围的区域作为鸭水上活动的区域。鸭排入水中的粪便可以直接作为鱼的饵料，并且粪便中的有机物可以培育水质、促进水体浮游植物生长并作为鱼的饵料，从而减少饲料消耗。两者互利共同发展，符合生态规律。鱼塘养鸭还可为鱼增氧，有利于改善塘内生态体系营养环境。

地面平养：地面平养模式是在饲养平地上人工挖掘小水池或提供水槽以供水禽洗浴。

（2）鹅的养殖模式

果园养鹅：果园养鹅类似于稻田养鸭，都是利用生物之间的互利共生原理以达到较高的经济和生态效益。利用果园养鹅，不施肥除草，并辅助以生物农药防治害虫，这样不仅能生产绿色食品，还能增加收入。

种草养鹅：种草养鹅是发展现代养鹅业的重要举措，一般是秋种草冬春养鹅。该模式的优点有：投资成本小、风险小、有利于增加农民收入；经济效益高；不与人争粮，有助于产业结构调整和农药生态良性循环；有利于改善土壤的理化性状，对后作增产作用大。

林地养鹅：林地养鹅是一种能够充分利用林下自然条件，发展林下经济建设，以提高林地利用率，解决林、牧争地矛盾，缓解占用基本农田问题，促进林地经济可持续发展的生产模式，充分考虑到了经济效益、生态效益和社会效益。

三　案例讨论

1. 组织形式：分组讨论，每位组员发言，最终结果由组长汇总。

2. 讨论问题：

（1）你认为水禽旱养模式相对于传统养殖模式的优势是什么？

（2）除了环保外，你认为还有什么因素加速了水禽旱养模式的发展？

（3）你认为水禽旱养有哪些缺点？会给水禽带来什么问题？

（4）除了水禽旱养外，还有哪些优秀的水禽养殖模式？

（5）你吃过什么水禽产品？你认为我国水禽未来的发展趋势如何？

（6）如果你是水禽养殖企业负责人，你认为未来企业的发展战略方向是什么？

四　案例总结

根据各小组讨论的结果，最终总结以 PPT 汇报完成。

五　课堂考核

1. 请根据本小组内各位同学的表现进行打分，每个单项满分 10 分，请结合实际给出 1～10 分的成绩，打分表格如下：

项目	参与度	表达能力	沟通能力	问题思考与分析能力	团队合作能力
分数					

2. 教师根据各小组组长的汇报内容进行打分，每个单项满分 10 分，请结合实际表现给出 1～10 分的成绩，打分表格如下：

项目	问题分析能力	结果呈现	表达能力	建议可行性	团队合作能力
分数					

注:第 1 部分为组内每位学生的个人得分,根据个人表现而定;第 2 部分为每个小组的成绩,每位组员会按照小组成绩得到一个分值,加上个人成绩为最终成绩。

第六节　奶牛养殖过程中的"秸秆再利用"思维

一　案例简介

阜南县民族犇鑫生态养殖有限公司是一家集奶牛养殖、秸秆加工、食用菌生产为一体的现代农业型企业。

"牛的胃中必须要有粗纤维,而秸秆就是补充粗纤维的上等饲料。"企业负责人王扬阳介绍说,奶牛的主食是精饲料,精饲料是由玉米、豆粕按照一定比例混合而成的,可以直接购买成品。成年奶牛吃完精饲料后再吃秸秆,可以补充胃中的粗纤维。尤其是小牛犊体质较弱,更需要进食秸秆。

2007 年,王扬阳毕业于安徽大学计算机专业,后进入合肥一家知名国企工作。尽管这份工作在不少人眼里是个"铁饭碗",但却未能羁绊住王扬阳的创业脚步。工作还不到半年,他便辞职回家创业[①]。

"当时我看到市场上牛奶销售红火,而阜阳奶牛场少,秸秆资源又非常丰富。经过认真分析市场,我觉得回乡养殖奶牛大有可为。"王扬阳说。2008 年,他先后到上海光明、合肥伊利等国内大型奶牛场考察学习,随后通过贷款等途径筹集资金,从东北、山东等地引进了 100 多头奶牛,并成立了养殖合作社,带领当地居民规模养殖奶牛。养殖场陆续建成了高标准挤奶厅、化验室和兽医室,配备了鲜奶冷贮罐,添置了饲料搅拌机,在牛舍中安装了自动饮水、自动喷雾、牛舍音响等先进设备。

随着奶牛饲养规模越来越大、效益逐渐向好,王扬阳又开辟了新的发展领域:为解决牛粪污染问题,利用牛粪作为肥料,种植巴西蘑菇,目前已种植 20 余亩,经济效益可观。同时,利用牛粪、牛尿,上马沼气项目,目前正在进行后期管道铺设。与此同时,他还依托奶牛养殖合作社,带动周边群众共同致富,目前已吸纳了百余群众入社。合作社从良种供应、饲养管理、饲料配方、防疫治病、产品销售的各个环节为入社农户提供全方位服务,奶牛养殖规模得以不断扩大,收益不断提升,实现了合作社效益和养殖户效益同比提升的双赢。

---

① 徐立成.阜南王扬阳弃"铁饭碗"回收秸秆养奶牛[N].阜阳日报,2015-06-02.

二　案例解析

背景：市场上牛奶销售红火，而阜南奶牛场少，秸秆资源又非常丰富。经过认真的市场分析，回乡养殖奶牛大可有所作为。

案例拟解决的问题：如何稳定强大的供应链；如何实现奶牛养殖合作社利益最大化。

案例产生的社会经济效益：依托奶牛养殖合作社，带动周边群众共同致富；对秸秆、牛粪等农作废物进行再次利用，维护生态，实现了合作社效益和养殖户效益的双赢。

三　案例讨论

1. 组织形式：分组讨论，每位组员发言，最终结果由组长汇总。

2. 讨论问题：

（1）本案例中，秸秆的利用有哪些途径？有何优点？

（2）你认为"秸秆再利用"有哪些缺点？会给奶牛、环境带来什么问题？

（3）你认为"秸秆再利用"应该如何推广？未来的发展趋势如何？

（4）你觉得这一技术还存在什么缺陷吗，有什么解决方法？

四　案例总结

中岗镇是养牛大镇，镇里实施秸秆饲料开发工程，大力推广秸秆青黄贮饲喂技术，提高秸秆饲料化利用水平。

目前，该镇通过实施秸秆饲料开发工程，把秸秆转化成饲料，增加了草食家畜的饲料来源，有效解决了草食家畜特别是奶牛基地饲料不足的问题。此外，秸秆"过腹还田"产生的大量有机肥在改良土壤方面发挥了积极作用，促进了农业良性循环发展。

在奶牛养殖合作社的背景下，奶牛场规模越来越大，逐渐演变为集奶牛养殖、秸秆加工、食用菌生产为一体的现代农业型企业。

五　课堂考核

（每小组各 5 人，以满分 10 分为标准）

教师评价	学习态度	表达与沟通能力	问题分析与思维能力	团队合作能力	总分
小组一					
小组二					
小组三					

小组内学生 互评汇总	学习态度	表达与沟通 能力	问题分析与 思维能力	团队合作 能力	总分
小组一					
小组二					
小组三					

综合排名	第一名	第二名	第三名
小组序号			

第七章/Chapter

动物生产中商业模式
的创新思维实训

本章主要介绍了动物生产中经营模式方面的创新思维案例，以案例为中心展开创新思维的实训。

第一节　正大集团产权化养殖模式中的"四位一体"思维

一　案例简介

1921 年正大集团在泰国曼谷创建，在中国以外称作卜蜂集团。作为中国改革开放后第一家在华投资的外商企业，40 年来，正大集团秉承"利国、利民、利企业"的"三利"经营宗旨，积极投身中国改革开放伟大事业，不断加大在华投资，是中国改革开放的参与者、见证者、贡献者，同时也是受益者。截至目前，正大集团在中国设立企业超过 400 家，下属企业遍及除西藏以外的所有省市自治区，员工超 8 万人，总投资超 1 200 亿元，年销售额近 1 300 亿元。正大集团已成为在华投资规模最大、投资项目最多的外商投资企业之一[①]。

正大集团首创的"四位一体"产权化养殖模式是指通过"政府＋企业＋银行＋农民合作组织"的形式，建设标准化畜禽养殖场。其中，政府提供固定资产投资和组建农民专业合作组织，农民专业合作组织为融资平台。正大集团担保为农民专业合作组织提供固定资产剩余部分的银行贷款，流动资金全部由正大集团投资。正大集团负责项目设计、建设、租赁经营，并承担项目经营的全部生产风险和经营风险，租期为 20 年，每年按固定资产投资的 9％～12％支付租金，租金主要用于固定资产投资贷款本金偿还、税金支付、运营费用支付、组成农业专业合作组织的农户收益和政府收益。农户不参与经营且不承担市场风险和畜禽疾病风险[②]。

正大集团全面引进欧美优良品种和先进的育种生产和管理系统，致力于产业的创新研发，大力发展现代集约化养猪事业，建立了完整的育种、扩繁和商品养殖体系。正大集团专门在甘肃建设种猪核心育种基地向社会提供优质的长白、约克、杜洛克种猪和种猪精液[③]。

二　案例解析

1 200 头规模的种猪场，农民投资总固定资产的 30％（约 200 万元）。1 000 头的肥猪舍，农户投资总固定资产的 30％（约 18 万元），其余 70％均可在政府和正大集团的帮助下从国家开发银行获得贷款，并组织饲养，收取代养费；或将标准化猪场承包给正大集团，收取承包费；也可按正大标准自行修建自行饲养，正大集团提供全程的技术服务、销售服务。

---

①　正大集团再建百万头生猪全产业链项目[J].饲料广角，2017(8)：4.

②　余道胜.正大集团养猪生物安全管理办法[J].养殖与饲料，2013(3)：1－6.

③　养猪新模式：沈阳正大标准化养猪[J].现代畜牧兽医，2009(5)：74－75.

（1）在"政府＋企业＋银行＋农民合作组织"养殖模式之前，农业公司普遍采用"公司＋农户"或"公司＋合作社＋农户"养殖模式，由于资金、较高技术和农民畜产品出售的问题，导致养殖的肉猪质量不稳定，经常卖不上好价钱。为解决上述问题，"政府＋企业＋银行＋农民合作组织"养殖模式应运而生，调动多方参与的积极性，共同应对千变万化的市场，既解决了养殖户资金不足、缺少良种、缺乏生产管理技术的难题，又解决了产品的销售难问题。政府广泛参与的同时可以完成部分政府目标，如产业扶贫、精准扶贫、助农增收等。

（2）"政府＋企业＋银行＋农民合作组织"养殖模式的优点与不足有哪些？将农民从事农业生产所必需的资金、技术和市场有机结合起来，解决了建设现代化养殖场需要的大量资金、较高技术和畜产品出售的问题。

（3）在获得资金及土地的条件下，从选址、布局、工艺、设备选型、建设管理等各个方面，都按照目前世界最先进的标准建成的养殖场，将大幅提高畜牧业规模化、标准化养殖水平。

（4）农户不参与经营，不承担市场风险和畜禽疾病风险，每年可以得到持续性收入，提高了土地等生产资料的利用效率，成为农民脱贫致富的新渠道。

（5）农民合作社按项目投资额度的固定比例获得收益，而不是按照项目经营收益，农民与农业企业之间的利益联结仍然不够紧密。

（6）党的十八届三中全会强调市场在资源配置中的决定性作用，政府多方面参与可能造成市场扭曲。

（7）需要政府投入大笔资金，难以通过项目进行整合，同时政府投资企业固定资产存在政策性障碍。

拓展知识点

（1）目前国内养殖最多的猪品种为大白猪，又名"大约克猪"。原产于英国，特称为"英国大白猪"，全身白色，耳向前挺立。大白猪属腌肉型，为全世界分布最广的猪种；体长大，成年公猪体重 300～500 kg，母猪 200～350 kg；繁殖力强，每胎产仔 10～12 头。另外引进的瘦肉型猪有杜洛克，原产于美国东部的新泽西州和纽约州等地，主要亲本为纽约州的杜洛克和新泽西州的泽西红，原称"杜洛克泽西"，后简称"杜洛克"。长白猪，原产于丹麦，是世界著名的瘦肉型猪种，主要优点是产仔数多、生长发育快、省饲料、胴体瘦肉率高等，但其抗逆性差，对饲料营养要求较高。

（2）三元商品猪在目前有两种（二元杂交即两个品种之间的杂交，三元杂交即三个品种之间的杂交）[①]。一种是外三元，即洋三元；另一种是内三元，即土三元。外三元是杜洛克公猪与长大杂交母猪，大长杂交母猪的后代，饲养成为商品猪。其优点是生长快，饲料转化率

---

① 史瑞军，李冰.三元杂交商品猪饲养管理技术[J].中国畜禽种业，2018，14(11)：108－109.

高。目前国内最广泛应用的繁育计划是 A×(B×C)，A 是终端公猪，B 是母系父本，C 是母系母本，其中 A 多为杜洛克，B 多为长白猪，C 多为大白猪。在许多情况下，B 和 C 也可以互换。许多学者称之为纯种体系或称相应的商品猪为三元猪，三元猪也称"杜长大"。

三 案例讨论

1. 组织形式：分组讨论，各小组成员发言，组长总结记录发言内容。

2. 讨论问题：

(1) 你认为"政府＋企业＋银行＋农民合作组织"的创新点在哪里？

(2) 相较于普通养殖模式，"政府＋企业＋银行＋农民合作组织"模式的优点是什么？

(3) "政府＋企业＋银行＋农民合作组织"养殖模式存在的问题？

(4) 你对"政府＋企业＋银行＋农民合作组织"养殖模式有哪些进一步发展的建议？

四 案例总结

各小组将本组讨论结果以 PPT 形式进行总结汇报。

五 课堂考核

1. 根据本小组内各位同学的表现进行打分，每个单项满分 10 分，请结合实际给出 1～10 分的成绩，打分表格如下：

项目	参与度	表达能力	沟通能力	问题思考与分析能力	团队合作能力
分数					

2. 教师根据各小组组长的汇报内容进行打分，每个单项满分 10 分，请结合实际表现给出 1～10 分的成绩，打分表格如下：

项目	问题分析能力	结果呈现	表达能力	建议可行性	团队合作能力
分数					

注：第 1 部分为组内每位学生的个人得分，根据个人表现而定；第 2 部分为每个小组的成绩，每位组员会按照小组成绩得到一个分值，加上个人成绩为最终成绩。

第二节 牧原食品股份有限公司的"封闭式产业链"思维

一 案例简介

(一)公司简介

牧原食品股份有限公司(简称"牧原股份")是一家集约化养猪规模位居全国前列的农业产业化国家重点龙头企业,是我国"自育自繁自养大规模一体化"的较大生猪养殖企业,也是我国较大的生猪育种企业。

牧原股份始建于1992年,经过29年的发展,现有子公司290余家。截至2017年12月31日,公司具有年可出栏生猪千万头、年可加工饲料近500万t、年可屠宰生猪100万头的能力,已形成了集科研、饲料加工、生猪育种、种猪扩繁、商品猪饲养为一体的完整封闭式生猪产业链。

公司采用大规模一体化养殖模式,完全实现自育自繁自养,建立了食品安全保障体系和可追溯体系,实现了从厂址选择、原料采购、饲料加工到生猪饲养等环节的全程监控,充分保证了食品安全。

公司构建"养殖—沼肥—种植"的循环经济发展模式,带动周边农民大力发展生态农业,努力探索农业现代化发展道路,实现了社会、环境与经济的和谐发展,被河南省发改委认定为"河南省循环经济试点单位",被河南省发改委、科技厅、环保厅等联合认定为"河南省节能减排科技创新示范企业"。

公司已建立起常态的人才交流机制,与国内外一流的专家团队紧密合作,加速公司在生产技术、企业管理方面的国际化进程。近年来,公司从100余所国内外知名院校,以高比例选拔优秀人才,构建人才梯队,储备发展动能,标志着牧原股份的战略构想向前迈进了一大步。

"十三五"期间,公司快速复制现有发展模式,在河南、湖北、山东、陕西、山西、河北、内蒙古、吉林、江苏等地建设完整封闭式生猪产业链,建立高品质生猪产业集群,为当地社会经济的崛起和人类高品质生活的提升贡献力量。

牧原股份经过29年的发展和积累,形成了以"自育自繁自养大规模一体化"为特色的生猪养殖模式,建立了集饲料加工、生猪育种、种猪扩繁、商品猪饲养为一体的完整封闭式生猪产业链,并通过参股40%的河南龙大牧原肉食品有限公司,介入下游的生猪屠宰行业。

1. 饲料加工

公司自建饲料厂和研究饲料营养配方,生产饲料供应各环节生猪饲养所需。目前,公司具有 300 万 t 的饲料加工能力。饲料厂生产自动化,全过程计算机控制,不仅配料精确,而且实现了从原粮采购、饲料加工、罐装运输、自动饲喂等全过程饲料无人为接触污染,确保了饲料的质量安全。

饲料营养配方采用先进的以营养素利用特定效率为基础的净能评估体系和真可消化氨基酸模式,精准衡量配方中有效蛋白质的含量,提高了饲料的消化利用率;采用阶段性营养配方技术,运用析因法对不同生猪建立动态营养模型,针对不同猪群及季节变化设计饲料配方。

牧原股份以终端消费市场/商品猪质量为方向确立育种体系,致力于猪肉品质的改善,为猪肉生产链各成员创造更多价值。

技术支撑:公司拥有一支 20 余人的专业育种研发团队。2007 年开始,公司率先在国内使用 Aloka500B 型超声波诊断仪测定背膘和眼肌面积来评估瘦肉率,并建立了猪肉质量控制实验室,使用 pH-STAR pH 直测仪和 CR-410 色彩色差计等进行肉质测定。公司拥有自主知识产权的牧原生猪育种系统,在收集种猪及其后裔的生产性能、胴体性能、肉质性能表现数据后,可利用国际先进的 BLUP 软件进行育种值的计算。

2. 生猪养殖

种猪规模:截至 2014 年 7 月,拥有 2 个国家生猪核心育种场,现存核心群基础母猪 8 000 余头。同时,公司投入使用独立公猪站 4 个,场内公猪站 5 个,所有公猪站均采用全封闭空气过滤系统,最大限度推进遗传交流,加快遗传进展。

养猪生产部猪舍设计以"健康控制"为主导原则,以"科学、高效、节能、环保"为基本理念,突破创新、不断完善了十几代猪舍的设计方案,养猪生产的供料与通风、保暖设备由机械化自动化向智能化转变,在育肥阶段,公司每位饲养员一年可饲养商品猪近 1 万头。

在生产管理方面采用本场育种、后备驯化、分胎次饲养、一对一转栏、全进全出、批次清群、公猪站空气过滤等技术,在猪舍规划中运用全局思维把控猪群健康。同时,公司定期邀请国内外专家指导生产,获得世界人才和技术团队的全方位支持,使公司的生产管理水平达到国际领先水平。

3. 牧原种猪

牧原股份是全国领先的种猪供应商,国内专业的二元母猪生产基地,其集约化规模位居全国前列。公司是首批国家生猪核心育种场,农业产业化国家重点龙头企业,国家养猪业旗舰企业,中国畜牧行业领军企业,国家生猪产业技术体系综合试验站。

公司现拥有专业育种人员 110 余人,以及国际先进的 BLUP 评估软件、专业的肉质检测等设备,可对商品猪的肉色、pH、剪切力、滴水损失等方面进行检测;年测定纯种猪 2 万头以上,测定父母代种猪 8 万头以上,商品猪肉质测定 1 000 头以上,自有 30 余个猪场,有超过

150万头猪的数据,确保后代商品猪经济效益最大化。

牧原股份现拥有2个国家生猪核心育种场,3个二元扩繁场,曾祖代核心群超过8 000头,年可供二元母猪超过30万头,纯种猪超过10万头,满足不同客户对高价值种猪的需求。

牧原股份一直致力于高价值种猪的选育,现拥有牧原杜洛克、牧原长白、牧原大约克、牧原二元母猪、牧原三元仔猪等优质产品,具有生长速度快、饲料转化率高、背膘薄、产仔多、抗病力强等特点,产品畅销至河南、湖北、山西、陕西、山东、安徽、河北、新疆、甘肃等地区,深受广大客户好评。

4. 牧原商品猪

牧原公司采用"自育自繁自养大规模一体化"经营模式,形成了集科研、饲料加工、生猪育种、种猪扩繁、商品猪饲养、生态农业为一体的循环农业产业链。打造出专业专注的发展平台,为猪肉生产链各成员创造更多价值。

出栏规模:年可提供生猪320万头,能够充分满足中高端客户的持续需求。

胴体优势:出肉率、瘦肉率在行业内领先。

肉质优势:肉色好、肌内脂肪含量少、滴水损失小。

食品安全:全自养、全程监控,做到可知可控可追溯,保障食品安全。

5. 屠宰加工

河南龙大牧原肉食品有限公司(简称"龙大牧原"),是牧原食品股份有限公司与山东龙大肉食品股份有限公司(股票代码002726)共同投资建设的大型生猪屠宰加工企业,注册资金1亿元,其中牧原股份占股权的40%。

公司屠宰的生猪主要来自牧原股份,构建了从源头到加工到销售的完善肉食品产业链,实现了从厂址选择、原料采购、饲料加工到生猪饲养、屠宰加工全过程的可知可控可追溯,增强了食品安全控制能力,同时引入了日本肉食进口标准,进一步提高了产品品质。"安全放心"是龙大牧原产品的核心竞争力。公司从猪源品质上保证了食品安全和猪肉品质。同时,工厂采用国际一流的生猪屠宰、分割流水线,实行自动机械化屠宰,实行全封闭无菌式生产管理。先进的车间生产加工设备,一流的肉食品加工机械流程保证了产品的安全可靠。

牧原股份作为安全猪肉食品的生产者,一直在探索更好的食品安全方案。多年来,公司坚持采用大规模一体化的产业模式,坚持自育、自繁、自养、自宰、自检。其一体化的产业模式,一致的价值取向,一致的利益体系,从管理模式上保证了食品安全。

公司致力于打造以源头控制、质量体系、产品检测为核心的食品安全控制体系,通过与烟台杰科检测服务有限公司等检测机构合作,建立了从饲料到养殖到屠宰到终端的层层检测体系,确保终端产品的食品安全和质量。

凭借完善的食品安全保证体系,过硬的产品质量,其产品经过山东龙大肉食品股份有限公司等下游食品加工企业的加工,可出口日本、美国、英国、韩国、新加坡、德国等十多个国家,赢得了国外客户的青睐,部分产品将供应北京、上海等国内大城市冷鲜肉的高端市场。

(二)企业模式分析比较

生猪养殖全过程主要分为三个阶段:育苗、育仔和育肥。其中,育苗阶段的养殖模式差异不明显,因为大规模的养殖企业通常自己控制祖代猪的种源,培育和繁殖优质父母代种猪;而育仔和育肥这两个阶段是区分养殖企业经营模式的主要判断依据。按照养殖阶段的分工不同,主要产生了两大类截然不同的养殖模式:一类是以温氏食品集团股份有限公司(简称"温氏股份")为代表的"公司+农户"的中规模分散式养殖模式;另一类是以牧原为代表的"自育自繁自养一体化"模式。

1. 温氏股份养殖模式分析

(1)"公司+农户"养殖模式介绍

温氏股份以"公司+农户"的养殖模式实现了规模的快速增长,虽然其养殖的机械化程度并不高,但是养殖效率非常高。

具体来说,温氏股份"公司+农户"模式是公司保留种猪繁育和育仔阶段,而将育肥阶段以委托饲养的方式交由农户负责。公司不需要提供仔猪育肥舍,而是由合作农户按照公司的标准自己出资新建或改造现有的养殖场,并通过与公司签订委托协议,缴纳一定的预付金(400元/头),"代替"公司进行生猪养殖。生产周期结束,公司按照合同约定价格回购成熟的商品猪并支付一定的托管费。

温氏股份为农户提供先进的技术指导、优质的饲料和疫苗采购等服务,并统一管理分散的农户生产活动。在这个过程中,生猪的产权仍属于公司,农户的托管从传统的"雇佣农工饲养—支付工资"变为"委托农户饲养—支付托管费",不过饲料等费用计入应收账款直至合同履约时才能收回。

(2)养殖模式分析

① 确保农户利益

公司凭借先进的养殖技术和现代化信息系统,帮助农户提升养殖效率,降低市场和技术风险,在确保农户顺利完成饲养的前提下,确保农户获得稳定的收益(主要是代养费)。具体来说,黄鸡饲养77天龄,确保农户2.1元/羽的毛利;肉猪饲养148天龄,确保农户不低于150元/头的毛利;并通过明文规定的公司制度和严格的内部管理确保农户的收益落到实处。

② 高水平的饲料产品研发

公司全系列饲料产品均系自主研发生产,营养水平高、饲养效果优良,料肉比大幅低于行业平均水平,且公司在前期料上掌握了关键技术,多方面因素助力养殖成本最小化。

PSY、料肉比、商品代存活率等技术指标均大幅领先市场平均水平。温氏股份的肉猪料肉比为2.3～2.4,大幅领先市场平均水平,如此大规模的饲养,即使1‰的差距也会使得成本相差巨大。公司的PSY平均在23头以上,部分成熟且满负荷的子公司是24头,而业内平均水平仅为17～18头。公司的商品代成活率达到94.5%以上,社会平均水平不到90%。

2. 牧原:"自育自繁自养一体化"模式

(1)"自育自繁自养一体化"模式介绍

以牧原股份为代表的"自育自繁自养一体化"模式,企业自建养殖场,统一采购饲料、疫苗,雇佣农工集中进行种猪的育种和扩繁、猪苗的培育、生猪育肥等全部生产过程,并统一销售给终端消费者。从上游的育种和饲料,到中游的扩繁和育肥,再到下游的屠宰销售,牧原股份通过一体化的产业链,做到生产全环节可控。

一体化产业链使得公司将生猪养殖各个生产环节置于可控状态,在食品安全、疫病防控、成本控制及标准化、规模化、集约化等方面具备明显的竞争优势。

(2)牧原股份养殖模式分析

① 先进的猪舍及设备——低折旧、省人工

公司自行设计、建设猪舍及养殖设备,使得猪舍建设成本得到合理控制。2009年至2012年上半年,包含全产业链的每万头产能对应的固定资产投入仅需400万～500万元,募投项目的投资额也仅为550万元/万头产能,大大减少了固定资产的初始投入和后期折旧成本。由于猪舍和设备的自动化程度高,所需的养殖人员数量大大减少,每万头生猪饲养仅需养殖人员10人左右,每头猪的人工成本在50元左右,大幅低于行业平均水平。

② 饲料成本远低于同行带来高毛利

公司的动物营养技术及饲料配方优势十分突出,单吨饲料成本远低于同行、料肉比低于行业平均水平,这离不开一体化养殖模式、猪舍设计和育种等核心技术优势。

3. 企业模式分析总结(牧原股份和温氏股份代表了当下主流的两种养猪模式)

牧原股份和温氏股份分别是"公司自繁自养"模式和"公司+农户"模式的代表者。

长期以来,牧原股份一直作为养猪上市公司的标杆企业,一方面是因为其生猪养殖体量大,另一方面是因为其较为纯粹的育肥肉猪全产业链养殖模式,一直被认为是"国内生猪一体化养殖的领跑者"。

温氏股份的"公司+农户"则早已被实践证明是比较适合国内的养殖模式。所以我们来探究公司"自繁自养模式"和"公司+农户"这两种当下主流的养殖模式的代表上市企业的发展。

牧原股份是"自繁自养"模式的代表,在2016年其"自育自繁自养大规模一体化"的经营模式优势尽显。公司将饲料加工、生猪育种、种猪扩繁、商品猪饲养等生产环节置于可控状态,按照生产计划,同一时间大批量出栏的生猪肉质、重量基本一致,提高了生产效率、实现规模化经营,降低了单位产品的生产成本,提高了综合竞争力。

温氏股份是"公司＋农户"模式的创建者和代表,其"公司＋农户"模式的优越性在于有较强抵抗市场风险的能力。虽然其出栏头数、收入、净利润的增幅均不及牧原股份,但是其在 2014 年净利润的下滑并不及牧原股份严重。"公司＋农户"模式通过将养殖产业链上下游各环节高效衔接,减少中间交易,降低中间成本,提高公司和合作农户(或家庭农场)的养殖效率,有效避免了种苗、饲料、兽药等市场波动对公司生产经营造成的影响,使得整个生产流程可控,增强了公司抵抗市场风险的能力。

国内的生猪养殖模式主要依据养殖阶段的分工、自有资源投入的不同而得以区分,并因此在投资回报、扩张速度和持续经营等方面各有优劣。以"公司＋农户"为代表的轻资产模式的优势在于公司扩张的难度下降,可以快速形成全国范围的规模化生产,具备较高的成长性和较强的可复制性。而重资产的"自育自繁自养"模式虽难以快速扩张,但通过养殖基地的统一管理能够确保出栏生猪的质量和食品安全,与消费升级大背景下居民对食品安全的重视程度提升相契合,并符合下游深加工企业对猪肉品质和食品安全越来越高的要求[①]。

(三)中美企业分析比较

史密斯菲尔德食品公司(Smithfield Foods, Inc.)于 1936 年成立于美国弗吉尼亚州,20世纪 80 年代获得较快发展,到 1998 年成为美国排名第一的猪肉生产商,是全球规模最大的生猪生产商及猪肉供应商。2013 年 5 月,史密斯菲尔德和双汇国际达成战略性合并协议,双汇国际将以总价 71 亿美元收购史密斯菲尔德。

史密斯菲尔德食品公司生产和销售各类冷鲜肉和包装肉品,产品销往全球市场。史密斯菲尔德食品公司身处周期性行业,旗下共有 5 个业务板块,分别是猪肉业务、国际肉品业务、生猪生产业务、其他肉品业务以及企业客户业务等,每个业务板块都拥有子公司、合资公司以及其他投资项目。

猪肉板块主要由 3 个位于美国的全资冷鲜肉与包装肉品子公司构成。国际业务板块不仅包括其位于波兰、罗马尼亚和英国的猪肉加工和销售公司,还包括公司在西欧、墨西哥和中国肉类加工企业中所占的股份。生猪生产板块主要包括位于美国、波兰和罗马尼亚的生猪生产公司以及其参股的墨西哥生猪生产企业。全球十大养猪企业排名见表 7-1,中国、美国生猪养殖规模化程度见表 7-2。

---

① 于瑞东.浅谈规模化养猪业发展的制约因素及发展新动力[J].农村实用科技信息,2013(12):15.

表 7-1　全球十大养猪企业排名

排名	企业	所在国	母猪存栏/千头
1	Smithfield Foods	美国	900
2	温氏食品集团	中国	800
3	正大集团	泰国	560
4	泰国食品公司	泰国	550
5	Grup Batalle	西班牙	400
6	Triumph Foods	美国	385
7	BRF	巴西	380
8	Seaboard Corp.	美国	320
9	天邦食品股份有限公司	中国	300
10	Nonghyup Agribusiness	韩国	28

注:资料统计至 2017 年 12 月。

表 7-2　中国、美国生猪养殖规模化程度

美国生猪养殖 Top 5	占有率/%	中国生猪养殖 Top 5	占有率/%
Smithfield Foods	18	温氏股份	2.52
Triumph Foods	8	牧原股份	0.46
The Maschhoffs	4	正大集团	0.44
Seaboard Corp	4	雏鹰农牧	0.36
Prestage Farms	3	正邦科技	0.33
CR5	37	CR5	4.11

注:行业集中率(CRn 指数):是指某行业的相关市场内前 n 家最大的企业所占市场份额的总和,是对整个行业的市场结构集中程度的测量指标,用来衡量企业的数目和相对规模的差异,是市场势力的重要量化指标。

启示:猪肉消费稳定的大背景下,规模化提升需要散户退出或转型。中国猪肉消费进入平稳发展期,市场无增量需求,导致规模化必将意味着散户退出。散户大面积快速退出给规模化企业发展留下更多空间,加速了规模化进程。

拓展知识点:中国生猪养殖企业 Top10

NO.1 温氏股份

要说目前国内养殖的头把交椅,那自然是非温氏股份莫属。公司从 1995 年开始养猪,到如今也已经有 26 年的时间。温氏股份高管曾表示,温氏股份养猪这么多年,还没出现过亏损。对于这一波养猪大潮,温氏股份显得颇为淡定。由于其很早就开始布局,每年按照 15% 的速度增长,预计 2025 年的时候,其生猪出栏量将达到 5 000 万头。

NO.2 牧原股份

唯一能让温氏感觉到压力的竞争对手应该就是牧原股份了。2017—2020年,牧原股份生猪出栏分别为723.7万头、1 101.2万头、1 025.3万头、1 811.5万头。公司2021年预计出栏生猪3 600万～4 500万头。不得不说,牧原股份应该是这两年生猪出栏增长最快的企业。

NO.3 正大集团

对于正大集团,根据统计资料来看,其在中国的生猪产能已经有至少1 500万头。正大集团目前的生猪出栏量仍旧维持在300万头左右。

NO.4 雏鹰农牧

雏鹰农牧也采用"公司＋农户"的模式,但是其运营的方式与温氏股份又不同。雏鹰农牧作为上市企业中第一个上市的养猪企业,在生猪养殖上进展缓慢,2017年上半年生猪出栏119万头,较上年增长了16万头。

NO.5 正邦科技

2013年之前,正邦科技就提出了2016年生猪出栏量要达到1 000万头的目标,2013年正邦科技生猪出栏量还只有114.98万头。尽管目标没有完成,但是2016年5月的时候,正邦科技董事长林印孙提出,2020年控制生猪规模要达到5 000万头,其中自养1 000万头,"公司＋农户"1 000万头,饲料服务3 000万头。

NO.6 宝迪

宝迪养猪的时间够久,体量也足够大,但是在养猪的步伐上,却一直停滞不前。根据最新资料来看,2016年下半年开始,宝迪也加快了猪场项目的建设。

NO.7 中粮肉食

如果说集万千宠爱于一身的养猪企业,那必然是中粮肉食。它具有国企的背景,是香港的上市企业,可以说占尽了各种资源和优势。

2017年上半年,中粮生猪出栏量101万头,较上年同期同比增长35.7%。特别需要指出的是,随后,中粮宣布也要走"公司＋农户"的模式。

NO.8 扬翔

2015年生猪出栏80万头,2016年生猪出栏量120万头左右。不仅仅增量较快,其成本控制也较低,据了解,目前扬翔的养殖成本在5.5元/斤左右。其高层表示,未来扬翔的目标是4.5元/斤。

NO.9 新希望六和

2016年2月宣布转型养猪的新希望六和,近年来的进展也令人瞩目。特别是其夏津的猪场,PSY达到30,料肉比可以做到2.3。

据了解,2019年公司共销售生猪354.99万头,同比增长39%,实现毛利润28.85亿元,增幅为 451.15%。2020 年生猪出栏量 829.25 万头。根据发展战略，新希望六和的养猪业务在国内将力争出栏量前三，在 2021 年确保实现 1 500 万头生猪出栏，2022 年确保实现 2 500 万头生猪出栏。养猪业务逐步成为公司新的增长极。

NO.10 金锣

金锣集团是全国农业产业化重点龙头企业，是中国最大的生猪屠宰加工基地，是中国 500 强企业和中国制造业 500 强企业。

我国养殖业与国外养殖业强国的差距在哪里？

我国是养殖大国，这是毫无疑问的，但是却不是养殖强国。对于猪这一块，每年的出栏量很多，但是很多肉质却不敢有全面的保证。我国从事畜牧业的人很多，但是多数是散养户，大规模的猪场比较少；技术也比不上像丹麦和德国等这些国家，像猪病的治疗往往不到位，伤亡率也比较大。可能很多人会说国外养殖户获得的补贴比我国的养殖户多很多，但补贴差距是主要而唯一的差距吗？

养殖强国与养殖大国的差距主要在技术与服务这一块。丹麦的养殖户，他们依靠的不是兽医，而是一些技术专家。这些专家可能是大学里的教授，也可能是在畜牧业的行尊。他们会不定期地去各大猪场，提供技术支持。而在我国，猪生病只能依靠当地的兽医或者是一些业务员，相对于专家的技术，兽医和业务员的技术员明显有差距。

服务这一块做得也不到位，很多的猪场都没有配备足够懂技术的人员。遇到大群的猪生病，人员不够完全忙不过来，这会耽误最佳的治疗时机。在美国不一样，美国基本上每个地方都有一个服务站，只要猪生病，去服务站呼叫一下，就有专门的人及时过来给猪群治疗。

最后是市场与补贴，国情不一样，所以补贴的发放制度也不一样。但是在市场这一块，我国的养殖户很受限制，像我国一些大型的屠宰场都会在国外有个生产基地，猪肉大多数是进口。但国外的大型屠宰企业却很少在我国建立猪肉生产基地，我国养殖户在国外市场失去了一些份额。

二　案例分析

1. 牧原股份的"自育自繁自养一体化"模式和温氏股份的"公司＋农户"模式各有利弊，并不能说哪个更好。简单地说，存在即合理。只要经营得当，两种模式都是可以获得丰厚的利润的，更重要的是坚持。

2. 按照目前的行业规模以及企业营收状况，温氏股份的模式更胜一筹，但是牧原股份的发展更具有潜力，符合未来市场发展的需求和规律。

3. 中国作为生猪养殖的大国，却不是养殖强国。我们要看到与国外同行业的差距，学习更为先进的技术和管理经验，加快中国的规模化养殖进程。

三　案例讨论

1. 组织形式：分组讨论，每位组员发言，最终结果由组长汇总。

2. 讨论问题：

（1）你认为"公司＋合作社＋农户"养殖模式的创新点在哪里？

（2）相较于普通养殖模式，"公司＋合作社＋农户"养殖模式的优点是什么？

（3）"公司＋合作社＋农户"养殖模式的提出有什么重要意义？

（4）"公司＋合作社＋农户"养殖模式存在的问题有哪些？

（5）你对"公司＋合作社＋农户"养殖模式存在的问题有什么对策和建议？

四　案例总结

根据各小组讨论的结果，最终总结以 PPT 汇报完成。

五　课堂考核

1. 请根据本小组内各位同学的表现进行打分，每个单项满分 10 分，请结合实际给出 1～10 分的成绩，打分表格如下：

项目	参与度	表达能力	沟通能力	问题思考与分析能力	团队合作能力
分数					

2. 教师根据各小组组长的汇报内容进行打分，每个单项满分 10 分，请结合实际表现给出 1～10 分的成绩，打分表格如下：

项目	问题分析能力	结果呈现	表达能力	建议可行性	团队合作能力
分数					

注：第 1 部分为组内每位学生的个人得分，根据个人表现而定；第 2 部分为每个小组的成绩，每位组员会按照小组成绩得到一个分值，加上个人成绩为最终成绩。

第三节　畜禽养殖中的"温氏模式"思维

一　案例简介

温氏食品集团股份有限公司创立于 1983 年，现已发展成一家以畜禽养殖为主业、配套相关业务的跨地区现代农牧企业集团。2015 年 11 月 2 日,公司在深交所挂牌上市,股票简称"温氏股份",股票代码:300498。截至 2020 年 12 月 31 日,温氏股份已在全国 20 多个省(市、自治区)拥有控股公司 399 家、合作家庭农场约 4.8 万户、员工 5 万多名。

温氏食品集团股份有限公司现已形成养猪、养鸡为主,养牛、养鸭为辅,以动保、加工、肥业、贸易、农牧设备为配套的十大业务体系。2018 年公司总营收 572.36 亿元,利润总额 42.84 亿元。其中,销售商品肉鸡 7.48 亿只,营收 199.56 亿元;销售肉猪 2 229.70 万头,营收 337.66 亿元。

温氏股份通过商业模式、技术以及文化的创新,将一家从事畜牧养殖业的企业 IPO 上市,并成为创业板第一大市值的公司。针对温氏的成功,有管理学者称"中国最好的企业,除了华为,还有温氏"。它经过 30 多年的探索和实践,形成了以紧密型"公司＋农户(或家庭农场)"产业分工合作模式为核心的"温氏模式"[①]。其主要特点为温氏股份作为农业产业化经营的组织者和管理者,对养殖产业链中的鸡、猪品种繁育、种苗生产、饲料生产、饲养管理、疫病防治以及产品销售等环节进行产业整合,由公司与农户(或家庭农场)分工合作,共同完成,为市场大规模稳定供应有品牌保障、安全的商品肉鸡、商品肉猪。温氏股份在 30 多年的发展过程中,紧紧围绕主产业,坚持创新,不断积累,在竞争和发展中不断完善自己的商业模式,在研发体系、管理体系、区域布局、产品品质和共享文化五个方面构建了自己的核心能力。

二　案例解析

(一) 完善的研发体系和研发平台优势

温氏股份于 1992 年与华南农业大学合作建立了紧密型"产学研"研发体系。目前温氏股份还与南京农业大学、中国农业大学、中山大学等多所名牌院校和科研院所建立了紧密型"产学研"合作关系。温氏股份以这些"产学研"合作单位为技术依托,建立了以研究院(技术中心)为核心的五级研发体系。

第一级为研究院(技术中心),负责统筹科研发展战略规划并开展前瞻性、关键性、基础性技术研究和储备。

第二级为三大事业部总部技术部、公司信息中心、农牧装备公司和专业育种公司,负责开展本领域应用型创新研究。

第三级为各省级区域公司技术部,负责落实公司、事业部提出的单项关键技术或常规技术研究以及新技术、新成果的推广应用。

---

① 徐传义.饲料公司与猪场成功实施"双托管"共赢合作模式的总结探讨[J].今日养猪业,2017(4):92-94.

第四级和第五级分别为一体化分、子公司技术小组及其下属种苗场、饲料厂、合作农户服务部,负责生产中试试验、生产工艺、流程的技术创新等。

公司各级研发体系均配备了相对应的人才队伍以及先进的实验室、实验设备和试验基地。在 2018 年,温氏股份共投入研发经费 5.53 亿元,新立项科研项目 227 项。公司自主评选的科技进步奖 90 项,科技成果奖 90 项。同时,温氏股份的《高效瘦肉型种猪新配套系培育与应用》和《畜禽粪便污染监测核算方法和减排增效关键技术研发与应用》两项成果荣获国家科学技术进步奖二等奖。截至 2018 年,温氏股份共获国家级科技奖项 6 项,省部级科技奖项 52 项,畜禽新品种 9 个(其中猪 2 个,鸡 7 个),新兽药证书 34 项,发明专利 124 项,实用新型专利 222 项,国家计算机软件著作权 30 项。

(二)优秀的管理团队、健全的管理制度和先进的管理技术

温氏股份的核心管理团队集知识、专业与经验于一体,平均行业从业经验超过 20 年,对行业的发展具有深刻理解,能够制定出高效务实的业务发展策略,准确地评估和应对风险。其中层管理团队成员平均从业经验也有 10 年以上,在畜牧业积累了丰富的管理实践经验和技能。

温氏股份管理技术的优势体现在信息化技术的应用上。温氏股份建立了企业大数据信息化管理中心。高管团队运用大数据辅助经营决策,有效管控分布于全国各地的经营单元。由于数据透明,可以实现充分授权,提高管理效率。温氏股份依托物联网技术和高度集成的 ERP 信息管理系统,建成了财务共享系统、OA 办公系统、"种猪+种鸡+奶牛+农牧设备"管理系统、合作农户(或家族农场)管理系统等多个业务系统,实现对业务全面、高效的管理。

(三)区域布局合理,产品品质优良

温氏股份在全国围绕各地销区布局一体化养殖公司,每个一体化养殖公司对接 300 km 范围的区域市场,产品 24 h 内运到区域销售市场,在保证较低的运输费用的同时,保证了产品品质。公司一体化养殖公司的种苗场、服务部辐射范围为方圆 30 km 左右的合作农户(或家庭农场),在降低合作农户(或家庭农场)运输成本的同时,保证公司技术服务人员对合作农户(或家庭农场)的现场指导及时到位,保障温氏股份的产品类型多样、齐全,适应不同的市场需求。

(四)齐创共享的企业文化理念

公司秉承"精诚合作,齐创美满生活"的企业文化理念,兼顾多方利益,把农户、员工、股东、客户、社会组织起来,通过整体利益合理的分配,使得这些主体支持企业的发展。特别是股东、员工,在企业发展过程当中获得合理的收益,向心力很强,团结一致。自 2015 年上市至 2018 年,温氏现金分红总计 104.26 亿元。2018 年,合作农户(或家庭农场)获得收益 81.47 亿元,户均收益 15.48 万元,员工整体薪金水平同比提高 5.78%。

现阶段,在农村地区产权结构、劳动力结构不断变化的环境中,温氏集团也在探索商业模式的创新,推动"平台化管理＋分布式生产"模式向"平台＋分布式＋生态"模式的升级,推动产业价值链向深加工、食品端的延伸,实现企业的转型升级。

三　案例讨论

1. 组织形式:分组讨论,每位组员发言,最终结果由组长汇总。

2. 讨论问题:

(1)你认为"温氏模式"的创新点在哪里?

(2)相较于普通养殖模式,"温氏模式"的优点是什么?

(3)"温氏模式"的提出有什么重要意义?

(4)"温氏模式"存在的问题有哪些?

(5)你对"温氏模式"存在的问题有什么对策和建议?

四　案例总结

根据各小组讨论的结果,最终总结以 PPT 汇报完成。

五　课堂考核

1. 请根据本小组内各位同学的表现进行打分,每个单项满分 10 分,请结合实际给出 1～10 分的成绩,打分表格如下:

项目	参与度	表达能力	沟通能力	问题思考与分析能力	团队合作能力
分数					

2. 教师根据各小组组长的汇报内容进行打分,每个单项满分 10 分,请结合实际表现给出 1～10 分的成绩,打分表格如下:

项目	问题分析能力	结果呈现	表达能力	建议可行性	团队合作能力
分数					

注:第 1 部分为组内每位学生的个人得分,根据个人表现而定;第 2 部分为每个小组的成绩,每位组员会按照小组成绩得到一个分值,加上个人成绩为最终成绩。

第四节　合作养殖模式中的"立华"思维

一　案例简介[①]

江苏立华牧业股份有限公司成立于 1997 年 6 月,是一家集科研、生产、贸易于一身、以优质草鸡养殖为主导产业的一体化农业企业,下设全资子公司 30 家,分别位于江苏、安徽、浙江、山东、广东、河南、四川、湖南、贵州、江西。2019 年 2 月 18 日,公司正式在深交所挂牌上市,股票简称"立华股份",股票代码"300761",成为江苏省首家上市的畜禽养殖企业、常州市首家上市的农业企业。

江苏立华牧业股份有限公司主要从事黄羽肉鸡育种、养殖、销售等,目前在我国黄羽肉鸡领域处于领先地位。2015—2017 年,我国黄羽肉鸡的出栏量分别为 37.30 亿只、39.07 亿只、36.90 亿只,同期公司黄羽肉鸡出栏量分别为 1.93 亿只、2.32 亿只、2.55 亿只,约占全国出栏总量的 5.17%、5.93%、6.91%,为国内第二大黄羽肉鸡养殖企业。立华股份能取得今天的成就,得益于公司建立的全产业链一体化经营模式,创新了合作养殖模式。

公司在黄羽肉鸡业务经营模式上,已实现对祖代父母代肉种鸡养殖、雏鸡孵化、饲料生产、商品代肉鸡养殖、商品鸡屠宰等全产业链的覆盖,执行"八统一"的农户管理模式,即"统一鸡场规划、统一供应苗鸡、统一供应饲料、统一免疫程序、统一操作规程、统一技术指导、统一产品回收、统一产品销售"。

传统的农业企业,普遍采用"公司+农户"的合作养殖模式,而立华股份在此基础上,进一步创新合作养殖模式。立华黄羽肉鸡业务采取了"公司+合作社+农户"的合作养殖模式。这种模式是指:企业负责协助农户搭建棚舍等,并向农户统一提供饲料、畜禽苗、药品、疫苗及相关技术指导,在养殖周期结束后按照约定回收农户产品;农户负责按照公司要求进行畜禽的养殖,并在养殖周期结束后将产品交还给公司;合作社作为农户的自治组织,负责开展畜禽苗、饲料、产品等的运输工作,并在公司统一指导与监督下开展防疫服务、风险基金管理。相对于简单的"公司+农户"的合作模式,"公司+合作社+农户"模式着重突出了合作社在合作养殖中的纽带作用,即一方面协助贯彻企业的养殖防疫及质量控制要求;另一方面作为农户合作组织,为农户养殖提供各种便利扶持以及风险管理工作。

---

① 摘自立华股份招股书.

二　案例解析

（1）为何提出"公司＋合作社＋农户"养殖模式？在"公司＋合作社＋农户"养殖模式之前，农业公司普遍采用"公司＋农户"养殖模式，即养殖户直接与公司对接。但是，由于公司和农户之间的供销矛盾突出，加之农户养殖技术参差不齐，导致养殖的肉鸡质量不稳定，经常卖不上好价钱。为解决上述问题，"公司＋合作社＋农户"养殖模式应运而生，合作社的加入，为农户和公司搭起了一座桥梁，提高了农户在供销中的地位，降低了农户的养殖风险，切实增加了农民收入。

（2）全产业链一体化经营模式的优点有哪些？相对于仅覆盖单一或部分生产环节的畜禽养殖企业，立华股份的全产业链一体化经营模式有利于增强公司应对市场波动与风险的能力。公司通过有效整合分散的肉鸡生产环节，能够根据当前市场价格波动情况及对市场供求变化的预测，适度、及时调节存栏种鸡、商品代雏鸡、种蛋、饲料等产业链各环节的产出数量，通过统筹安排减弱了商品代市场价格大幅波动对公司生产经营所造成的不利冲击。同时，全产业链一体化经营模式有利于增强公司异地扩张能力。由于黄羽肉鸡种蛋、苗鸡运输及农户发展具有较强的覆盖半径要求，全产业链一体化经营模式下，成熟子公司能够通过就近输送种蛋、苗鸡及饲料的方式，带动新设子公司尽快发展农户及占据市场，有助于缩短新设子公司投资回收期，实现生产规模的快速异地扩张。另外，全产业链一体化经营模式有助于公司搭建食品安全可追溯管理体系，有利于立华股份产品质量与成本控制，从而提高产品竞争力。例如，公司建立了横贯技术、生产以及采购等多条业务线的饲料配方一体化管理体系，综合考虑实际生产需要及成本等因素，能够兼顾、平衡饲料营养与成本要求。

（3）"公司＋合作社＋农户"养殖模式的优点有哪些？该合作模式，形成了立华股份与合作农户之间合理稳定的收入分配机制与明显的致富、扶贫示范效应，使得两者之间形成了良好的相互信赖关系。不仅使公司的业务得到了大力发展，也带动了合作农户的脱贫致富，创造了良好的社会效益。

第一，农户合作养殖过程中所使用的苗鸡、饲料、药品及疫苗等所有权属于公司，公司商品鸡回收价格与销售价格并无对应关系，公司承担商品鸡饲养销售环节所面临的市场风险。农户养殖收入与养殖成绩相关，与其场地、劳动力投入相匹配，与市场价格无关。同时，根据市场情况与各子公司发展阶段，公司通过适时调整苗鸡、饲料及成鸡结算价格的形式，保持农户养殖收入维持在合理、具有一定竞争力的水平。即使在行业发生重大疫病、市场价格大幅波动时期，公司依旧严格按照养殖合同约定与合作农户进行结算，兑现养殖收入。公司与合作农户之间合理稳定的收入分配机制与明显的致富、扶贫示范效应，使得两者之间形成了良好的相互信赖关系。

第二，公司在合作养殖过程中严格执行"八统一"的农户管理模式，即"统一鸡场规划、统一供应苗鸡、统一供应饲料、统一免疫程序、统一操作规程、统一技术指导、统一产品回收、统一产品销售"。一方面,"八统一"的农户管理模式使公司能够严格控制苗鸡、饲料、药品及疫苗等物料的使用以及养殖过程的质量,从而对一体化养殖过程进行全程监控,确保食品安全管理制度的落实;另一方面,在"八统一"的农户管理模式下,公司能够及时调整农户养殖规模与品种,积极应对市场变化。

第三,通过风险基金制度,公司与农户共同承担合作养殖过程中的养殖风险。由于农户在养殖过程中可能会遭遇难以预见、控制的烈性疾病或重大自然灾害,合作农户难以一次性全部赔偿公司苗鸡、饲料、药品及疫苗等物资损失,因此公司向合作社计提一定标准风险基金,由合作社补贴给受灾农户,从而承担大部分风险。这既保证了农户合作养殖的责任心,同时又防止农户由于遭遇短期的养殖风险事件而退出合作养殖,为长期合作奠定了制度基础。

另外,合作社作为参与合作养殖农户的自治组织,也会为农户提供免疫、运输等服务,同时对农户养殖过程的合规性进行监督,有效地降低了农户违规养殖的风险,在一定程度上支持了公司对农户的监督管理工作。

公司在黄羽肉鸡养殖业务上所采用的"公司＋合作社＋农户"的合作养殖模式相对于传统的"公司＋农户"模式,使合作双方合作关系更加紧密,并突出了合作社在合作养殖中的纽带作用,对公司与农户之间风险共担、利益共享起到平衡作用,是对国家有关部门近年来鼓励农民新型生产组织政策的积极响应与实际践行,符合我国实际国情与农业产业化发展方向,有利于推行我国农业生产在当前市场环境下走向"再合作"。

拓展知识点

1. 黄羽肉鸡

我国主要将肉鸡分为白羽肉鸡、黄羽肉鸡、肉杂鸡和淘汰种鸡。白羽肉鸡主要指由国外引进的大型肉鸡,具有白色羽毛,多用于快餐炸鸡。黄羽肉鸡主要指我国自主培育的肉鸡品种,包括黄羽、麻羽、黑羽等,更适合我国的传统烹饪。我国目前黄羽肉鸡市场规模超过900亿,随着居民健康饮食理念持续深化,黄羽肉鸡在未来具有更大的消费潜力。目前,国内黄羽肉鸡养殖企业排名中温氏股份居首,立华股份次之。

2. 肉鸡生产模式

肉鸡分为祖代、父母代和商品代,祖代鸡一般为育种群,父母代鸡为繁殖群,商品代鸡为生产群。育种群是经过选择的性能优良的一类个体,负责为繁殖群提供优良种鸡。繁殖群种鸡交配后为生产群提供鸡苗。

3. 白羽肉鸡

白羽肉鸡是现代生物遗传科技的结晶。美国的动物遗传育种专家用了近百年时间,花费了大量科研经费,建立了庞大纯种品系基因库,运用数量遗传技术进行产肉性能高强度选择,把生长速度快、饲料转化率高、体型发育好、产肉率高的基因挑选出来进行繁育,培育出现在的快大型白羽肉鸡品种。

目前,白羽肉鸡品种只有美国的 AA＋、科宝、罗斯以及法国的哈巴德四个品种。现在白羽肉鸡的生长速度已经达到 20 世纪 40 年代末的 3 倍,生长速度快的遗传潜力不断提高,体重每年增加 40～45 g,料肉比每年降低 0.02～0.025,即体重 2.5 kg 时每年可节约饲料50～65 g,出栏日龄每两年减少约 1 天。

白羽肉鸡之所以长得快取决于四个方面:优良基因和遗传性能、自动温控通风良好的生长环境、营养均衡的全价饲料以及良好的生物安全体系和卫生条件,与激素毫无关系。由于白羽肉鸡品种特性,其生产模式与黄羽肉鸡有很大区别,白羽肉鸡生产模式具有高度的集约化、产业化、规模化、标准化,对饲养环境要求较高。

三　案例讨论

1. 组织形式:分组讨论,每位组员发言,最终结果由组长汇总。

2. 讨论问题:

(1) 你认为"公司＋合作社＋农户"模式的创新点在哪里?

(2) 相较于普通养殖模式,"公司＋合作社＋农户"模式的优点是什么?

(3) "公司＋合作社＋农户"养殖模式的提出的重要意义是什么?

(4) "公司＋合作社＋农户"养殖模式存在的问题有哪些?

(5) 你对"公司＋合作社＋农户"养殖模式存在的问题有什么对策和建议?

四　案例总结

根据各小组讨论的结果,最终总结以 PPT 汇报完成。

五　课堂考核

1. 请根据本小组内各位同学的表现进行打分,每个单项满分 10 分,请结合实际给出1～10 分的成绩,打分表格如下:

项目	参与度	表达能力	沟通能力	问题思考与分析能力	团队合作能力
分数					

2. 教师根据各小组组长的汇报内容进行打分,每个单项满分 10 分,请结合实际表现给出 1～10 分的成绩,打分表格如下:

项目	问题分析能力	结果呈现	表达能力	建议可行性	团队合作能力
分数					

注：第 1 部分为组内每位学生的个人得分，根据个人表现而定；第 2 部分为每个小组的成绩，每位组员会按照小组成绩得到一个分值，加上个人成绩为最终成绩。

第五节　"90 后"养殖奶山羊的"新零售"思维

一　案例简介

"90 后"的莫新城在 2013 年正式开始养殖奶山羊，回乡创业之路步步扎实，但当下的养殖者面临着政策与市场的双重压力：政策倾向大户、市场价格波动大。于是他转变思路，用"新零售"思维稳定并扩大其产业发展。首先是供应链：稳定羊奶供应。"新零售"能否发展下去，有一个关键指标就是供应链是否强大。于是他对羊奶供应链做了两点创新：

（1）注册"羊奶源家庭农场"，扩大农场规模，采取"农场＋合作社＋农户"的发展模式，带动乡亲一起发羊财，自己提供技术和加工、销售渠道，农户只需按照自己的技术养殖山羊，如此确保奶山羊的数量和羊奶源的供应。

（2）引进了机械挤奶设备和鲜奶专业灭菌机、鲜奶成分分析仪等专业设备的同时，莫新城办理了动物防疫合格证，并将样品送长沙国家农副产品监督检测中心，检测结果达标，其营养成分高于国家标准，做到精深加工。他通过引进最优良的奶山羊品种之一，注册羊奶源商标来展现品牌的力量。"新零售"最关键的一环就是场景与体验，莫新城打造了消费场景来满足用户对品牌和产品的喜爱，他的创新就是鲜奶吧和休闲农业：将鲜奶吧线下门店作为农场场景满足社区居民的需求；开发亲子体验式旅游项目，增进家长与孩子间的交流，并创造巨大的社会经济效益。"新零售"的思维是线上线下结合，莫新城的团队加入电商培训，利用"互联网＋"，积极拓展网上业务。目前，羊奶源家庭农场基本形成了线下开设连锁鲜羊奶吧、农场体验式销售和线上"互联网＋"的双力驱动拓宽销售渠道①。

二　案例解析

背景：莫新城在正式开始养殖奶山羊不久后，随着社会发展，遇到了两个问题：政策倾向大户、价格波动大。养猪养鸡等传统养殖面临政策与市场的双重压力，必须转变思路才有

---

① 陈立耀. 养殖业"新零售"思维典型案例：看 90 后如何搞养殖［EB/OL］.［2018-06-08］. https://baijiahao. baidu. com/s? id＝1601799071466550016&wfr＝spider&for＝pc.

出路。

案例拟解决的问题：如何稳定强大的供应链，让自己的品牌有个性有说服力；如何提高消费者的真实场景体验；如何通过线上线下结合拓宽销售渠道。

案例产生的经济社会效益：

(1) 在羊奶供应链上的创新带动乡亲一起富起来：莫新城采取"农场（基地）＋合作社＋农户"的发展模式，带动乡亲一起发羊财，自己提供技术和加工、销售渠道，农户只需按照自己的技术养殖山羊，如此确保奶山羊的数量和羊奶源的供应。

(2) 打造消费场景，增强用户体验：开展鲜奶吧线下门店，通过其作为农场的场景满足社区居民的需求，连锁店能带来一笔巨大的利润；开发亲子体验式旅游项目，让家长带小朋友来羊场参与割草、喂羊、挤羊奶等活动，让小朋友的童年留下一段美好的回忆。

(3) "农场＋合作社＋农户"发展模式：为强大羊奶供应链，莫新城扩大羊舍规模，并在承包地里播种优质牧草，之后莫新城还正式注册成立"羊奶源家庭农场"。

通过"农户＋合作社"模式将单个农户与其他经济主体之间的交易关系内化为与合作社的交易，由合作社组织农民有序生产、进行农资购买和农产品的加工销售，节约了农民进入市场的交易费用，增强了农民的市场话语权，使农民能分享农产品加工和流通环节的增值收益。合作社是实现农业产业化经营的最佳载体。随着中国城乡一体化的深入推进，家庭农场成为解决"谁来种地"、实现土地规模经营、推进农业产业化和现代化发展的新型经营主体。"家庭农场＋合作社"模式是一种以合作社为依托，联合农业生产类型相同或相近的家庭农场组成利益共同体，开展农业专业化生产、企业化管理、社会化服务和产业化经营的组织形式，是现行分散家庭经营制度和传统产业化经营模式基础上的制度创新[1]。

三 案例讨论

1. 组织形式：分组讨论，每位组员发言，最终结果由组长汇总。

2. 讨论问题：

(1) "农场（基地）＋合作社＋农户"发展模式的优点有哪些？请举例说明。

(2) 结合以上案例，谈谈你对新零售思维的认识。

(3) 相比于以往案例，你认为奶山羊"农场（基地）＋合作社＋农户"模式有哪些创新点？请举例说明。

四 案例总结

根据各小组讨论的结果，最终总结以PPT形式进行汇报。

① 杨世鸿，晏学文.现代养羊业的发展现状及对策[J].当代畜牧，2015(20)：20－21.

五　课堂考核

（每小组各 5 人，以满分 10 分为标准）

教师评价	学习态度	表达与沟通能力	问题分析与思维能力	团队合作能力	总分
小组一					
小组二					
小组三					

小组内学生互评汇总	学习态度	表达与沟通能力	问题分析与思维能力	团队合作能力	总分
小组一					
小组二					
小组三					

综合排名	第一名	第二名	第三名
小组序号			

第六节　大学生创业养羊的"利益共同体"思维

一　案例简介

济南小伙子辞掉了稳定的国企工作，果断回家创业。在济南街头看到夏季红红火火的烧烤摊后，一名刚毕业的大学生就此瞅准了商机。2012 年，在长清归德小屯村，26 岁的大学生褚云帅辞掉了安稳的工作，回到这里开始创业，当起了羊倌，总共投入了 60 万元，一年就已经将本钱收回。2012 年 2 月，褚云帅创办的生态养殖场挂牌建立。有句古话，"家产万贯，带毛的不算"，说的是畜禽养殖存在高风险。褚云帅非常了解病害对于养殖场的打击，他使用中药防疫——根据环境变化将中草药掺杂在羊饲料中。褚云帅算了一笔账：羊羔以每千克 30 元的价格买入，每只羊 750 元左右，育肥过程中，每只羊每天喂 1 kg 草料，三个月成本大约为 300 元，中草药成本 100 元，每只羊的总成本大约 1 150 元，但是出栏后以每千克活羊 26 元的价格出售，每只大约有 200 元的盈利。如今，褚云帅又有了新的思考和计划，他要打造一条产业链。开办一家褚氏"羊肉面"，把羊的骨头、肝、肠等都充分利用起来，不光养羊，还要自创销路。面馆的选址已经完成,即将在长清城区最先开张营业。目前,褚云帅正在积极筹办肉羊养殖协会和相关合作社,运用"农场＋合作社＋农户"发展模式,希望把当地农民养羊的积极性调动起来,"一方面增大影响力,一方面形成联盟,俗话说树大了才招风,只有整个地区形成肉羊养殖的特色,才能形成产业集群,最终打出品牌"。谈及大学生创业,褚云帅只问了两个问题:"羊有没有上牙?羊的尾巴有多少块骨头?"创业的风险太大,而往往细节决定成败,所以想要成功,就一定要细致,研究透彻①。

二 案例解析

背景:褚云帅在养羊的道路开始时,随着养殖发展的推进,养殖者遇到两个问题:养殖业风险高、单一的养殖影响不大。养殖业面临着自身发展的困境和局限性的问题,必须改变思维模式,转化危机。

案例拟解决的问题:如何降低养殖业固有的产业风险;如何打造稳定强大的产业链;如何打造强大有说服力的品牌。

案例中产生的社会经济效益:

(1)在组织形式中创新,形成联盟,带动乡亲们脱贫致富。褚云帅积极筹办肉羊养殖协会和相关合作社,调动乡亲们的养羊积极性,打造养殖特色,创造产业集群。

(2)打造产业链,拓宽销售渠道。除养殖以外,开办"褚氏羊肉面",充分利用羊的价值,创造更多的经济效益;改变原来的销售渠道,利用餐饮行业拓宽销路。

"农场＋合作社＋农户"发展模式和"褚氏羊肉面"销售模式:为强大羊肉的产业链,褚云帅积极筹办肉羊养殖协会和相关合作社,调动乡亲们的养羊积极性。之后,为扩大销路和销量打造品牌,还开办"褚式羊肉面"等餐饮服务。通过"农户＋合作社"模式将单个农户与其他经济主体之间的交易关系内化为与合作社的交易,由合作社组织农民有序生产、进行农资购买和农产品的加工销售,节约了农民进入市场的交易费用,增强了农民的市场话语权,使农民能分享农产品加工和流通环节的增值收益。合作社是实现农业产业化经营的最佳载体。随着中国城乡一体化的深入推进,家庭农场成为解决"谁来种地"、实现土地规模经营、推进农业产业化和现代化发展的新型经营主体。"家庭农场＋合作社"模式是一种以合作社为依托,联合农业生产类型相同或相近的家庭农场组成利益共同体,开展农业专业化生产、企业化管理、社会化服务和产业化经营的组织形式,是现行分散家庭经营制度和传统产业化经营模式基础上的制度创新。新型的销售模式不仅能够缓和产品滞销问题,还能增加更多的就业机会,保障民生②。

---

① 马光仁.26岁"大学生羊倌"辞去董事长助理回乡养羊[N].齐鲁晚报,2013-10-25.
② 马友记.肉羊全产业链建设与管理的战略性思考[J].甘肃畜牧兽医,2017,47(5):34－35.

三 案例讨论

1. 组织形式：分组讨论，每位组员发言，最终结果由组长汇总。

2. 讨论问题：

(1) 结合案例，谈谈"农场＋合作社＋农户"模式带领农户们致富们的过程。

(2) 你对"农场＋合作社＋农户"模式存在的问题有什么对策和建议？

(3) 和传统养殖销售单一模式相比，"农场＋合作社＋农户"模式有何优势？

(4) 你认为"农场＋合作社＋农户"模式应该如何推广？

四 案例总结

根据各小组讨论的结果，我们认为，本案例虽然也存在相应的问题，但更多的是具有优点、创新点和值得借鉴的地方。首先在面对养殖业风险高和传统思维的情况下，褚云帅并没有选择放弃，而是改变思路，运用结合其他产业拓宽疆土，稳固并扩大了自己的产业。他采用"农场（基地）＋合作社＋农户"的创新型发展模式，在这种模式下建立起"褚式羊肉面"，带动乡亲一起发羊财。合作社是实现农业产业化经营的最佳载体，"家庭农场＋合作社"是现行分散家庭经营制度和传统产业化经营模式基础上的制度创新。正是这样的制度创新，强大了其产业链。他不单单只卖羊肉，他还充分利用羊的价值，让消费者可以吃着带着，告别形式单一的营销模式。他的养殖场和"褚式羊肉面"都为其带来了巨大的经济收益，也给消费者带来了健康的味觉体验。但是如何实现产业的转型、如何实现服务业中微小细节导致的风险问题、如何利用线上线下销售的问题依然是值得深思的。总的来说，他的创业经历，无论是他的思路还是精神，都值得学习和借鉴。

五 课堂考核

（每小组各 5 人，以满分 10 分为标准）

教师评价	学习态度	表达与沟通能力	问题分析与思维能力	团队合作能力	总分
小组一					
小组二					
小组三					

小组内学生互评汇总	学习态度	表达与沟通能力	问题分析与思维能力	团队合作能力	总分
小组一					
小组二					
小组三					

综合排名	第一名	第二名	第三名
小组序号			

第七节　奶牛饲养过程中的"规范化"思维

一　案例简介

　　江西省奶源模式主要为"公司＋农户",即分散饲养收牛奶模式,采用这种模式的农户养殖收益低。据调查,江西散户所交鲜奶每千克价格比实力雄厚的牧场少 0.4～0.5 元,一年下来每头成乳牛就相差 2 000 多元。这种模式科技支撑不足,奶农利益未得到很好的保护,因而不可持续,必将逐渐退出市场,为更先进的模式所取代。我国乳用牛种虽然以荷斯坦牛为典型代表[1],但在各省的培育中都形成了适应本地区环境和饲养条件的地方特色优良荷斯坦牛。江西省奶牛的迅速发展并不以自繁自育为主,而是以外省引进为主。由于饲养环境的改变,加之农户对奶牛的生活习性了解不够,造成引入奶牛适应性差等不良后果。除个别牛场外,江西省的多数牛场甚至包括一些具有一定规模的牛场,均为拴系饲养,栏舍简陋,且为混凝土地面,奶牛的舒适度差,奶牛每天的躺卧时间不到 8 h,泌乳量少,乳质差。江西地处我国南方,夏天潮湿、闷热,而奶牛最怕的就是热。江西夏季天气炎热,是奶牛热应激的高发区。夏季奶牛所受到的热应激主要来自饲料采食后在瘤胃发酵所产生的大量热量所造成的应激与环境热应激。由奶牛场环境造成的奶牛热应激对产奶量所产生的直接经济损失很大。政府从"种、栏、管、料、防"上引导农户采用规范化饲养管理新技术,加快奶牛转变养殖经营模式,实现江西奶业可持续发展。

二　案例解析

　　指出案例的关键问题,不必对案例进行全面细致的分析。

---

[1]　张吉鹍.创新奶牛养殖技术转变奶牛经营模式:奶牛规范化饲养管理新技术[J].江西畜牧兽医杂志,2014(1):9-16.

背景:造成养殖效益差的根本原因是:① 分散、缺乏规模效应;② 专业化程度低;③ 栏舍简陋、牛奶质量差。

案例拟解决的问题:如何降低由于饲养环境的改变对奶牛所造成的不适应性;如何优化牛群结构,降低奶牛的淘汰率,提高综合养殖效益。

案例产生的经济社会效益:

① 奶牛养殖迅速发展。近年来,牛奶以其营养全面、老少皆宜等特点,愈来愈受到人们的青睐,政府也积极倡导实行"学生奶计划"工程,使牛奶需求量愈来愈大。牛奶市场需求的增加,使得牛奶加工企业对原奶的需求越来越大,也就要求加大奶牛养殖规模,各地政府也对奶牛养殖在政策及资金上有所倾斜。

② 推进了奶牛品种创新。以自繁自育为主,引进为辅,培育了能适应当地气候特色尤其是夏季高温高湿环境的优质牛群。

三　案例讨论

1. 组织形式:分组讨论,每位组员发言,最终结果由组长汇总

2. 讨论问题:

(1) 结合江西奶牛实际养殖情况,从"种、栏、管、料、防"等方面谈谈是如何引导农户采用规范化饲养管理新技术的?

(2) 相较于普通养殖模式,江西省"公司＋农户"模式的优点是什么?

(3) 江西省"公司＋农户"养殖模式提出的重要意义是什么?

(4) 江西省"公司＋农户"养殖模式存在的问题有哪些?

(5) 你对江西省"公司＋农户"养殖模式存在的问题有什么对策和建议?

四　案例总结

根据各小组讨论的结果,最终总结以 PPT 形式进行汇报。

五　课堂考核

考核包括教师对学生的评价和小组内学生互评,包括学习态度、表达与沟通能力、问题分析与思维能力、团队合作能力。

教师评价	学习态度	表达与沟通能力	问题分析与思维能力	团队合作能力	总分
小组一					
小组二					
小组三					

小组内学生 互评汇总	学习态度	表达与沟通 能力	问题分析与 思维能力	团队合作 能力	总分
小组一					
小组二					
小组三					

综合排名	第一名	第二名	第三名
小组序号			

第八节　奶牛养殖"共同致富"思维

一　案例简介

　　王明启同志高中毕业后一直在家务农,他看到光靠种地,十年九旱,靠天吃饭不可能发家致富。2009年他被选为九福村主任,上任后,他觉得自己富了不算富,一定要带领大家共同富裕才行,但粮食收购不是都能做的事情,养猪风险太大,怎么办呢? 他和村书记外出考察多次,回来后与村里老党员经过几次商议,决定要带领全村群众搞奶牛养殖,原因有三点:一是九福村家家每年玉米都种很多,秸秆饲料可以有效利用;二是场地大,九福村每家每户都有大院子,有饲养场地;三是奶价持续稳定上涨。于是他说干就干,当年就找乡里帮助协调建奶站事宜,经联系找到乳业集团,把自己的想法和现有的生产能力向他们做了汇报。他们非常重视这个养殖大户,亲自到王明启的奶牛场考察,在资金紧张的情况下,他们决定每月按时付给他奶资,每天出车拉奶,保证养牛场正常运转,这样每天自己家出的1 t多的鲜奶,全部卖给他们厂,每月结算一次奶资,走上了养奶牛致富的道路。在集团和乡里的帮助下,奶站于当年建成。2010年全村购进奶牛200头,吸纳奶牛养殖户70户,平均每户年增收1万元,2011年奶牛养殖户增加到88户,奶牛增加到350头。至此,奶牛养殖走向了可持续、规模化发展的快车道[①]。

二　案例解析

　　背景:王启明所在的村子并不富裕,而养殖业的风险又高,如何在资金短缺的情况下带领全村致富,必须全面考虑村民的实际情况。

---

① 　王明启.奶牛养殖致富带头人[EB/OL].[2019-03-02]. http://www.doc88.com/p−6731653931659.html.

案例拟解决问题：如何建设可持续、有规模的产业；如何尽量降低农户们的经济损失；如何稳定产出高质量的牛奶。

案例中产生的社会经济效益：

（1）加快畜牧业的和谐发展。2010 年前，九福村养奶牛、黄牛的有十几家，养殖技术落后，发展缓慢，但这些并没有影响王明启的养殖热情，为了使九福村养殖业快速发展，他以群众致富为中心点，扎扎实实地帮助村民解决资金来源，结合村情、地域特点建立奶站，改变养殖思路，从而带动黄牛养殖、生猪养殖等，使养殖户们更好地适应市场，开拓市场，突出产品营销，拓宽致富领域，提升业务水平，养殖户数量逐步增加。

（2）在组织形式中创新。王明启成立了奶牛养殖专业合作社，其根本目的不是全村奶牛化，而是为了增加养殖户的热情，借鉴王明启养殖奶牛的经验，使其他养殖户少走弯路，更快地使资金回笼，见到利润，使利益得到最大化，合作社奶牛养殖户团结一心，走上了和谐发展的轨道。

（3）加大养殖的"含金"量。大牲畜养殖科技含量高，技术要求严格，王启明买回了很多资料，边学习、边实践，不懂就问，处处做个有心人，不断在实践中探索、积累经验。村委会也经常举办培训班，聘请九三管局、镇畜牧站有关专家进行授课，学习牲畜养殖的饲养与管理，学习青贮玉米的贮藏方法，学习疾病的预防和治疗等。全面组织开展标准化牛舍建设，大力推广秸秆粉碎，补喂青贮饲料等先进技术。与镇畜牧站和县畜牧站做好沟通，购进优质高产的精子，实施冻精配种，繁殖优良的后代，进一步促进了九福村养殖业的发展。

三　案例讨论

1. 组织形式：分组讨论，每位组员发言，最终结果由组长汇总。

2. 讨论问题：

（1）根据以上案例，谈谈奶牛养殖"共同致富"的利弊。

（2）相较于普通养殖模式，"共同致富"的优点是什么？

（3）如何加强宣传，让更多人知道这种养殖模式？

（4）你认为利用该养殖模式对助力乡村振兴有哪些好处？

四　案例总结

根据各小组讨论的结果，最终总结以 PPT 形式进行汇报。

五　课堂考核

考核包括教师对学生的评价和小组内学生互评，包括学习态度、表达与沟通能力、问题分析与思维能力、团队合作能力。

教师评价	学习态度	表达与沟通能力	问题分析与思维能力	团队合作能力	总分
小组一					
小组二					
小组三					

小组内学生互评汇总	学习态度	表达与沟通能力	问题分析与思维能力	团队合作能力	总分
小组一					
小组二					
小组三					

综合排名	第一名	第二名	第三名
小组序号			

第九节　光明小镇的"产业园"思维

一　案例简介

深圳没有农村，但有个占地300亩的超级奶牛场，这也是深圳最后一个奶牛养殖场——新陂头牛场。奶牛场主要干两件事：奶牛养殖和提供原料鲜奶。

新陂头牛场现任梁场长一再说，产量和效益的提升得益于牛场创新管理改革：狠抓优质公牛的选种选配，为后备牛奠定基础；注重科学搭配饲料，保证奶牛日粮营养均衡搭配；实行三班挤奶，产量平均增加10%；提升精细化管理水平，利用大数据提升产能，使用阿波罗牧场管理系统精密记录每头奶牛的各项数据，每月进行全国奶牛DHI检测（产奶性能测定）。

谈到华侨城牵手光明集团共同探索新型城镇化实践，场长眼里有光："我们是深圳最后一个奶牛场，除了要肩负'产好奶'的使命，更期待转型升级，例如跟旅游业深入融合，将牛场打造成集奶牛养殖、奶业科普、休闲旅游于一体的沉浸式现代化休闲观光牧场。"

光明小镇项目就是这样的一个现代化休闲观光牧场。它以"文化＋旅游＋城镇化"战略为主线，以光明森林公园、光明农场滑草游乐场、光明农场大观园、光明高尔夫球场、光明名景花卉片区、古村落等为主要旅游载体，由华侨城集团采用合作开发等灵活的市场化运作模式,提升现有旅游资源的配套设施条件及专业服务水平,充分发挥综合带动效益[①]。

二 案例解析

(1)背景:光明集团作为比较大型的牛奶企业,如果仅仅拘泥于奶制品行业,会限制其发展。因此,转型可以帮助企业更好地发展。

(2)案例拟解决的问题:如何将光明的品牌效应推广到国际,使之在国际上拥有竞争力;如何将奶牛养殖场与光明小镇更好地结合。

(3)案例产生的社会经济效益:

增强用户体验。光明小镇的功能结构是"一轴五片区","一轴"是指光明小镇绿道,"五片区"是指国家农业庄园、体育森林公园、主题公园、迳口等村综合产业服务区、生态小镇,让游客拥有更丰富的体验。

提高品牌知名度。新陂头奶牛场奶品质量一直执行最高要求的欧盟标准,承担着向香港供应鲜奶奶源的使命,一度占据香港鲜奶70%的市场份额,客户包括香港维他奶、雀巢等知名品牌企业。在深圳,市民们喝的晨光"供港一号"、学生奶等就来自新陂头奶牛场。

污物循环利用。牛场设备升级,投资了300多万元建造污水处理系统。经改造,污水自动进入污水无害化管网处理系统,而大部分排泄物通过处理后转化成沼气发电,实现污物循环利用。

三 案例讨论

1. 组织形式:分组讨论,每位组员发言,最终结果由组长汇总。

2. 讨论问题:

(1)你认为光明小镇"产业园"有何创新点?

(2)相较于普通养殖模式,光明小镇"产业园"模式的优点是什么?

(3)光明小镇"产业园"的提出有何重要意义?

(4)你对光明小镇"产业园"模式存在的问题有什么对策和建议?

四 案例总结

根据各小组讨论的结果,最终总结以PPT形式进行汇报。

五 课堂考核

(每小组各5人,以满分10分为标准)

---

① 邓红丽.深圳最后"牛倌":新陂头奶牛场将打造成观光牧场[N].深圳商报,2019-07-31(01).

教师评价	学习态度	表达与沟通能力	问题分析与思维能力	团队合作能力	总分
小组一					
小组二					
小组三					

小组内学生互评汇总	学习态度	表达与沟通能力	问题分析与思维能力	团队合作能力	总分
小组一					
小组二					
小组三					

综合排名	第一名	第二名	第三名
小组序号			

后　记

　　培养创新型人才是国家、民族长远发展的大计。创新之道,唯在得人。得人之要,必广其途以储之。科技创新要取得突破,不仅需要基础设施等"硬件"支撑,更需要科研生态等"软件"保障,以激发各类人才创新的活力。习近平总书记在两院院士大会中国科协第十次全国代表大会上强调,"要激发各类人才创新活力,建设全球人才高地。要更加重视人才自主培养,更加重视科学精神、创新能力、批判性思维的培养培育。要更加重视青年人才培养,努力造就一批具有世界影响力的顶尖科技人才,稳定支持一批创新团队,培养更多高素质技术技能人才、能工巧匠、大国工匠"。党的十九大以来,以习近平同志为核心的党中央坚持把科技创新摆在国家发展全局的核心位置,着力实施人才强国战略,营造良好人才创新生态环境,聚天下英才而用之,充分激发了广大科技人员的积极性、主动性、创造性。

　　本书共七章:第一章理解创新的概念、基本特征和发展历史,认识动物生产的创新发展历史。第二章认识创新思维,主要通过案例讲解,强调创新的重要性,阐明创新、创新思维的定义及创新思维的基础。第三章培养创新思维,主要阐述了创新思维障碍及其突破方法,创新思维的分类及各类思维的特点和培养方式。第四章主要为创业思维在畜牧业中的创新应用,并就动物生产类专业大学生创新能力培养路径做了总结。第五、六、七章分别介绍动物生产中遗传育种、养殖模式和商业模式方面的创新思维,并以案例为中心展开创新思维实训。

　　本教材由国家一流本科专业(动物生产类)建设经费及扬州大学出版基金资助,为2019年国家级大学生创新创业训练计划项目(湖南潭州教育网络科技)、扬州大学2020年教改课题"基于校企协同的新农科大学生专创融合教育教学模型的探索与实践(YZUJX2020—B8)"阶段成果。本书结合现代畜牧学发展的现状和趋势,通过突破思维定势、打开思维空间、提升思维质量、养成思维品质等方面的努力,将动物生产类学生培养成充满探索精神、富有敏捷思维和创造能力的人才。目前,各高校普遍采用的动物生产类学生创新思维培养路径主要包括本科生导师制、产学研结合、案例分析。本书以本学院实际研究结果为基础,采用本科生导师制、产学研结合和案例教学的方式,培养学生从事本专业的积极性,探索为动物科学行业提供高素质人才的最佳方法,特别是探索企业与高校联合培养学生的具体途径。

　　在本书的编写过程中,面对多样的研究成果,总还有些难以取舍,由于版面有限,有些优秀的成果未能编入此书,感觉非常遗憾和可惜。

　　由于水平有限,编写过程中难免有不妥之处,还望大家提出宝贵意见!

编　者

2021 年 8 月

主要参考文献

[1] 陈伟生. 加快促进畜牧业走上创新驱动科学发展的轨道——在全国畜牧站长工作会议上的讲话[J]. 中国饲料,2012(13):4-8.

[2] 杨宇姣. 新时代农科专业大学生创新思维培养路径研究[J]. 时代经贸,2018,(24):99-100.

[3] 王亚非,梁成刚,胡智强. 创新思维与创新方法[M]. 北京:北京理工大学出版社,2018.

[4] 徐林青. 管理创新[M]. 广州:南方日报出版社,2003.

[5] 吕丽,流海平,顾永静. 创新思维:原理·技法·实训[M]. 北京:北京理工大学出版社,2017.

[6] 庄文韬. 创新创业实用教程[M]. 厦门:厦门大学出版社,2016.

[7] 秦卫明. 高校创新创业组织研究[D]. 南京大学,2007.

[8] 欧阳红军. 重大科研项目协同创新管理[J]. 国防科技,2012,33(04):40-45

[9] 蒋炳耀. 畜牧业的发展历程综述[J]. 中国畜牧兽医文摘,2017,33(11):39.

[10] 畜博会. 中国畜牧业协会智能畜牧分会成立大会暨第一次会员代表大会在武汉隆重召开[EB/OL].[2019-05-19]. http://org.caaa.cn/article.php?id=15377.

[11] 巩沐歌,孟菲良,黄一心,周海燕. 中国智能水产养殖发展现状与对策研究[J]. 渔业现代化,2018,45(06):60-66.

[12] 王淑静. 山东省畜牧业技术创新发展问题研究[D]. 山东农业大学,2009.

[13] 王浩程,冯志友. 创新思维及方法概论[M]. 北京:中国纺织出版社,2018.

[14] 王玉国. 历练职场成就事业[M]. 天津:天津科学技术出版社,2013.

[15] 张正华,雷晓凌. 创新思维、方法和管理[M]. 北京:冶金工业出版社,2013.

[16] 徐良梅,冯佳炜,李仲玉,单安山,高越山,张楠楠. 动物生产类专业拔尖创新人才培养模式的探索与实践[J]. 黑龙江畜牧兽医,2014(09):183-185.

[17] 胡贝. 产学研用背景下的高校应用型创新人才培养体系构建研究[J]. 产业与科技论坛,2020,19(15):274-275.

[18] 余道伦,左瑞华. 动物生产类课程产学研创相结合的教学改革与实践[J]. 湖北经济学院学报(人文社会科学版),2014,11(03):190-192.

[19] 李香子,张来福,闫研,郭盼盼.产学研协同创新培养动物科学拔尖创新人才模式和机制研究[J].现代农业研究,2019(09):107 - 111.

[20] 张扬,包强,金志明.校企合作推动遗传育种专业人才培养的思考——以扬州大学畜牧学专业为例[J].当代畜牧,2019(14):36 - 38.

[21] 孟兆娟,刘彦军.创新思维培育视阈下的高校课堂案例教学探究——以大学经济学课程的案例教学为例[J].湖北第二师范学院学报,2019,36(12):96 - 99.

[22] 王荣芳.案例教学与创新人才培养的立体化教学模式研究[J].中国人才,2012(8):68 - 69.

[23] 陈丽丽,王松涛,邓小莉.园林专业大学生科技创新能力培养模式的探索[J].中国现代教育装备,2011(9):93 - 95.

[24] 郑理.学习·创新·职业生涯[M].徐州:中国矿业大学出版社,2008.

[25] 苏代钰,蒲诗杨,朱清钰,张社梅,张柳.基于合作社平台的大学生农村创业模式分析——以雅安多赢蜜蜂养殖合作社为例[J].农村经济与科技,2019,30(11):44 - 47.

[26] 李楚君,涂宗财,温平威,王辉.中国小龙虾产业发展现状和未来发展趋势[J/OL].食品工业科技:1 - 18[2021-09-25].https://doi.org/10.13386/j.issn1002-0306.

[27] 贺文芳,朱金波.小龙虾反季养殖可行性与技术探讨[J].科学养鱼,2016(05):28.

[28] 涂俊明."赶鸭子上架"一举多得[J].农村养殖技术,2009(10):12.

[29] 李明爽,张馨馨,单袁.以小见大 塘管家开启鱼大大智慧化服务新动向[J].中国水产,2019(09):20 - 21.

[30] 彭健伯.开发创新能力的思维方法学[M].北京:中国建材工业出版社,2001.

[31] 蓝少鸥.创新思维开发研究[M].上海:上海交通大学出版社,2015.

[32] 刘奎林.灵感思维学[M].长春:吉林人民出版社,2010.

[33] 孙乃龙.领导思维创新:训练与掌握科学的思维方法[M].成都:四川大学出版社,2016.

[34] "互联网+"现代农业百佳案例、新农民创业创新百佳成果[EB/OL].[2017-08-06].http://www.moa.gov.cn/ztzl/scdh/sbal/201609/t20160905_5265067.htm.

[35] 郭美荣,李瑾,冯献.基于"互联网+"的城乡一体化发展模式探究[J].中国软科学,2017(09):10 - 17.

[36] 农业部市场与经济信息司."双创"成果:韩芬:科技助力奶农发展新模式——河南郑州牧之丰农业科技有限公司[Z].2016.

[37] 农业部市场与经济信息司."互联网+"现代畜牧业[Z].2016.

[38] 随洋,王瑞利.基于物联网技术的种羊养殖系统设计与实施[J].内蒙古科技与经济,2013(20):99.

[39] 榆林市人民政府办公室.佳县探索"云养羊"产业发展新模式[Z].2020.

[40] 陈立平,楼平儿,舒鑫标,等.非洲猪瘟时期对猪育种工作的一些思考[J].猪业科学,2019,36(6):109-111.

[41] 高全利.非洲猪瘟对养猪业造成的几个重大影响[J].今日养猪业,2019(4):13-15.

[42] 张勤.我国猪育种现状与挑战[J].北方牧业,2019(10):12-13.

[43] 赵志达,张莉.基因组选择在绵羊育种中的应用[J].遗传,2019,41(04):293-303.

[44] 刘冉冉,赵桂苹,文杰.鸡基因组育种和保种用 SNP 芯片研发及应用[J].中国家禽,2018,40(15):1-6.

[45] 科企联合培育出白羽肉鸭新品种"中新鸭"即将走上国人餐桌[EB/OL].[2019-10-26].https://baijiahao.baidu.com/s?id=1645718847510401630&wfr=spider&for=pc.

[46] 韦木莲,黄龙,蒙烽,吴雅丽,丁成章."优鲈1号"和白金丰产鲫混养模式技术[J].农家参谋,2019(10):51-52.

[47] 刘志华,陈士良.池塘养鱼的混养模式[J].中国畜牧兽医文摘,2013,29(03):84.

[48] 梁勤朗."渔光一体"模式助推现代渔业转型升级[J].科学养鱼,2016(10):13-15.

[49] 符致德,张光超,吴翔宇,周宁,沈亚权,符书源.一种养殖用水循环处理系统构建——以海南省某一养殖场装置循环水处理系统为例[J].中国科技信息,2017(23):102-104+12.

[50] 朱泽闻,舒锐,谢骏.集装箱式水产养殖模式发展现状分析及对策建议[J].中国水产,2019(04):28-30.

[51] 刘波.集装箱循环水养殖技术[J].黑龙江水产,2019(2):33-35.

[52] 向洋,丁德明.新型现代水产生态养殖模式[J].湖南农业,2018(09):18-19.

[53] 还在水养鸭鹅?首席科学家说,旱养模式效益高又环保[J].农村科学实验,2019(07):24-25.

[54] 余方觉,陈云松.王建胜:水禽旱养 清河富农[J].新农村,2015(02):19.

[55] 尝试"水禽旱养"养殖模式:清了河水富了鸭农[EB/OL].[2019-02-01].http://news.cnnb.com.cn/system/2014/12/24/008232489.shtml.

[56] 正大集团再建百万头生猪全产业链项目[J].饲料广角,2017(08):4.

[57] 余道胜.正大集团养猪生物安全管理办法[J].养殖与饲料,2013(03):1-6.

[58] 沈阳正大畜牧有限公司.养猪新模式:沈阳正大标准化养猪[J].现代畜牧兽医,2009(5):74-75.

[59] 史瑞军,李冰.三元杂交商品猪饲养管理技术[J].中国畜禽种业,2018,14(11):108-109.

[60] 于瑞东.浅谈规模化养猪业发展的制约因素及发展新动力[J].农村实用科技信息,2013(12):15.

[61] 徐传义. 饲料公司与猪场成功实施"双托管"共赢合作模式的总结探讨[J]. 今日养猪业，2017(4)：92 - 94.

[62] 陈立耀. 养殖业"新零售"思维：看 90 后如何搞养殖[EB/OL]. [2018-06-04]. http://www. chuhe. com/news/86592. html.

[63] 杨世鸿，晏学文. 现代养羊业的发展现状及对策[J]. 当代畜牧，2015(20)：20 - 21.

[64] 马光仁. 26 岁"大学生羊倌"辞去董事长助理回乡养羊[N]. 齐鲁晚报，2013-10-25.

[65] 马友记. 肉羊全产业链建设与管理的战略性思考[J]. 甘肃畜牧兽医，2017，47(5)：34 - 35.

[66] 张吉鹍. 创新奶牛养殖技术转变奶牛经营模式：奶牛规范化饲养管理新技术[J]. 江西畜牧兽医杂志，2014(1)：9 - 16.

[67] 王明启. 奶牛养殖致富带头人[Z]. 2011.

[68] 邓红丽. 深圳最后"牛倌"：新陂头奶牛场将打造成观光牧场[N]. 深圳商报，2019-07-31(1).